ÄLTERE
DEUTSCHE GRAMMATIKEN
IN NEUDRUCKEN

HERAUSGEGEBEN

VON

JOHN MEIER.

III.

DIE DEUTSCHE GRAMMATIK DES LAURENTIUS ALBERTUS.

HERAUSGEGEBEN

VON

CARL MÜLLER-FRAUREUTH.

STRASSBURG.
VERLAG VON KARL J. TRÜBNER.
1895.

DIE

DEUTSCHE GRAMMATIK

DES

LAURENTIUS ALBERTUS

HERAUSGEGEBEN

VON

CARL MÜLLER-FRAUREUTH

STRASSBURG.
VERLAG VON KARL J. TRÜBNER.
1895.

G. Otto's Hof-Buchdruckerei in Darmstadt.

INHALT.

EINLEITUNG.

Das Wenige, was sich über die Lebensumstände des Laurentius Albertus beibringen lässt, hat Al. Reifferscheid in der Allg. Deutschen Biographie unter dem Namen Osterfrank (24, 509) zusammengestellt. Einige Literaturnachweise habe ich in der 'Festschrift zum siebzigsten Geburtstage Rudolf Hildebrands' S. 140 hinzugefügt. Hier soll nur eine Frage erörtert werden, die bisher nur leicht berührt wurde, deren Beantwortung aber wesentlich ist für die Lösung des Rätsels, welches noch immer das Verhältnis der Grammatik des Albertus zu der Ölingers darstellt. Es ist die Frage nach den Vorbildern und Quellen, aus denen jedes der beiden Werke geflossen ist. Diese hat ja auch noch allgemeinere Bedeutung. Wenn die erste Aufgabe der Geschichte der deutschen Grammatik in der Feststellung des Abhängigkeitsverhältnisses der einzelnen Lehrbücher besteht, wenn erst nach ihrer Lösung der relative und absolute historische Wert jedes einzelnen Werkes und weiterhin die Entwicklung der grammatischen Erkenntnis und Technik sich beurteilen lässt, so hat man es in den Anfängen dieses Entwicklungsganges insbesondere noch mit den Einflüssen der Grammatik der alten Sprachen zu thun. Hat schon Joh. Müller die ersten Anfänge der deutschen Grammatik in den mittelalterlichen lateinischen Grammatiken nachgewiesen (im 4. Bande von C. Kehrs Gesch. der Methodik des deutschen Volksschulunterrichtes, Gotha 1882), hat ferner neuerdings Fr. Weidling in dem zweiten Bande dieser Sammlung, der Ausgabe des Clajus, einen Abschnitt seiner Einleitung 'dem Bau der Grammatik mit besonderer Berücksichtigung der gleichzeitigen Lateinischen' gewidmet, so soll hier das Ergebnis mitgeteilt werden, das eine Durchsicht der mir zugänglichen Darstellungen der lateinischen und griechischen Grammatik bis zum Erscheinen der Arbeit des Albertus in Hinsicht auf ihre Übereinstimmung mit dieser zu Tage förderte.

Bisher schrieb man dem Albertus kurz eine Anlehnung an den Donat zu; so noch Socin, Schriftsprache und Dialecte im Deutschen (Heilbronn 1888) S. 252. Damit meinte man wohl kaum eine unmittelbare Benützung, sondern das Festhalten an der Anordnung, welche die mittelalterlichen und humanistischen Grammatiker hauptsächlich mit teilweiser Übernahme des von Donat geschaffenen Lehrgebäudes ihren Arbeiten zu Grunde legten. Nur in diesem Sinne kann man bei Albertus von einer Anlehnung an Donat reden; dass er aber etwa darauf ausgegangen wäre, für die deutsche Sprache zu leisten, was Donat für die lateinische bedeutet, dass er Donats Lehren ebenso für das Deutsche zurechtlegte, wie es andere für das Griechische [1] und die neueren Sprachen thaten, kann man nicht behaupten. Trotz aller Abhängigkeit von den Lehren der alten Grammatik steht Albertus der des Donat im Einzelnen um so freier gegenüber, als die deutsche Sprache ihm in vielen Stücken eine grössere Ähnlichkeit mit der griechischen als mit der lateinischen zu haben schien, so z. B. S. 131. So mag es gekommen sein, dass er in Einzelheiten sich deutlicher von Priscian beeinflusst zeigt, als von Donat: die Grundlage der Lehren Priscians bildet ja das Griechische. Dass Albertus auf Priscian selbst zurückgegangen wäre, will ich damit auch nicht behaupten, obwohl er einmal (S. 129) eine Äusserung Priscians (594, 15 ed. Keil), wie es scheint zustimmend, anführt. Er kann die Stelle aus der Vorlage geschöpft haben, die er für den grössten Teil seines Werkes benützte, Melanchthons lateinischer Grammatik in der von Joachim Camerarius vermehrten Ausgabe: die von mir verglichene Leipziger v. J. 1552 giebt S. 328 dieselbe Stelle aus Priscian in der gleichen Weise

[1] Vgl. Donatus graecus de octo orationis partibus Petri Leuini Sosandri Vangionis. Francforti ad Oderam (a. E. 1547). In der Vorrede rechtfertigt er sein Unternehmen mit ähnlichen Wendungen wie Albertus S. 9.

an. Schon Melanchthon hatte seine Grammatik nicht bloss auf dem landläufigen Donat fussen lassen; mehrfach setzte er sich mit Priscian auseinander, dem er für seine griechische Grammatik vieles verdankte, oder wies doch auf Erörterungen Priscians hin. Diesen Hinweisen folgen denn auch andere Grammatiker, ausser seinem Freunde Camerarius, der seine Ergänzungen zu Melanchthon hauptsächlich aus Priscian bestreitet, auch Martin Crusius in seinen 'Puerilis in Lingua Latina Institutionis p. IV (Memmingae 1556)', deren lateinische Ausführungen mit denen Melanchthons oft wörtlich übereinstimmen. Bei Albertus tritt Priscian um so mehr hervor, als ersterer ihm geradezu geistesverwandt erscheint: wie Priscian trachtet er nach formaler Vollständigkeit, auch da, wo die wirklich gesprochene Sprache im Stiche lässt, wie z. B. S. 121, in der Wortbildung usw. Selbst die herkömmlichen Erklärungen grammatischer Begriffe klingen bei Albertus seltener an Donat an, als an Priscian, und wenn die Definition der Grammatica als 'certa quaedam loquendi et scribendi ratio' wörtlich aus Donat oder aus Grammatiken, die auf Donat zurückführen, entlehnt zu sein scheint, so deutet Albertus durch die Verwendung von 'constat' an, dass er sich einer allgemein üblichen Erklärung bedient. Übrigens scheint der nur bei Melanchthon vorkommende Ausdruck 'artificium' die Durchführung des Vergleichs S. 46 angeregt zu haben. Eine rein mechanische Nachahmung Melanchthons oder der alten Grammatik überhaupt ist nur an wenigen Stellen vorhanden, manche wörtliche Übereinstimmung mag auf gedächtnismässiger Aneignung beruhen. Mehrfach deutet er Lehrmeinungen anderer an, wie S. 131, 140 XII u. ö.; er erwähnt Ausdrücke der 'dialectici', z. B. S. 52, XV, 80, VI usw., die auf keine bestimmte Quelle zurückzuführen sind. Lehrreich ist es übrigens auch mitunter festzustellen, was Albertus aus den klassischen Sprachen in die deutsche nicht überträgt.

Gleich zu Anfang geht er über Melanchthon-Camerarius hinaus, indem er nicht bei deren Verdeutschung des Begriffs Grammatik als Schreibkunst stehen bleibt. Überhaupt folgt er in den der Orthographia gewidmeten Ausführungen kaum dem praeceptor Germaniae, auch nicht dessen Grammatica graeca.[1]

Die Tabelle der literae, in der die bei Priscian 7, 26 angesetzten Accidenzien figura, nomen, potestas massgebend sind, wenn auch diese Bezeichnungen hier nicht (wohl aber S. 40) auftreten, ist bereits vorgebildet in Mart. Ruelandi Frisingensis 'De lingua Graeca eiusque dialectis omnibus libri V (Tiguri 1556. 4)'. Hier sind die figurae ebenfalls und zwar in derselben Druckweise als 'maiusculae' und 'minusculae' dargeboten. Schon hierin, in dem Beginnen mit den Buchstaben, zeigt sich eine Abweichung vom Donat, der 'ab octo partibus orationis' seinen Ausgang nimmt, und der Einfluss des Griechischen, wie ihn G. Simler, der Lehrer Melanchthons, in seinen 'Observationes de arte grammatica (Tubingae 1512)' ausdrücklich bezeugt (B^b). Auch die Zahl der Buchstaben stimmt mit den griechischen überein. Unter ihnen wies Priscian 11, 9 besonders dem f griechischen Ursprung zu; hätte Albertus schon hier Camerarius zu Grunde gelegt, so hätte er sich dessen Bemerkung über die deutsche Wiedergabe von ph durch pf sicher nicht entgehen lassen (erst S. 66 bringt er etwas darüber),[1] ebensowenig die S. 10 über v = w und f. — Über die aspiratio h hatte schon Erasmus (Dialogus de recta Latini Graecique sermonis pronuntiatione [Basileae 1528] S. 154) sich verbreitet mit Anführung des Beispiels heer (herus) und eer (honos). Albertus kommt hierauf nochmals zurück S. 45. Unbekannt ist ihm aber die Aussprache von g = χ, über welche Erasmus S. 155 f. spricht, während Albertus nur ch = χ behandelt S. 44.

Die cognatio (S. 25, vgl. 41, VII) zwischen p und b hatte derselbe Erasmus S. 148 erörtert, weiter die Verbindung th

---

[1] Ebenfalls erweitert von Camerarius. Ich benutzte sowohl die Urgestalt im Corpus Reformatorum ed. Bretschneider-Bindseil, Vol. XX, das auch die lateinische Grammatik enthält, als die Ausgabe des Camer., und zwar Lipsiae 1552.

[1] Wie Albertus (s. die Bemerkung zu B), zeigt übrigens auch Camerarius Kenntnis des Altdeutschen, wenn er S. 8 sagt: 'fuerunt veteres Germani, quod ad pronunciationem et linguam attinet, in plerisque Graecis quam Latinis similiores'.

S. 157 ('apud Germanos superiores'), die Alb. ebensowenig bespricht wie die Aussprache von ti = ʒi. Letztere Unterlassung ist ja nicht auffällig, um so mehr aber die erstere, da Alb. Kenntnis des Niederdeutschen zeigt (S. 27 bei 𝔍, S. 25 bei 𝔖; später S. 74. 90. 125. 127. 142, IX), ohne dabei Abhängigkeit von dem Werke zu verraten, das er S. 27 selbst anführt: Adolphi Mekerchi Brugensis de veteri et recta pronunciatione linguae graecae. Brugis 1565.

Die Einteilung der Laute S. 28 lässt alle in den griechischen und lateinischen Grammatiken übliche Genauigkeit ausser acht, namentlich betreffs der Consonanten; auch die Unterscheidung von 'vocales mutabiles' und 'immutabiles', die bei Rueland u. a. mit Rücksicht auf die Tempusbildung hervorgehoben ist, liess Alb. bei Seite; ebenso ist ihm der Begriff der Semivocales gleichgültig (bei Mel. LMNRSXZ). Dafür werden die Diphthonge, die auch Prisc. 9, 8 zu den Vocalen rechnet, in einer Breite besprochen, die keine der älteren Grammatiken zeigt. Nur das 'ü gallicum' (S. 26 und 35) tritt bereits bei Erasmus a. a. O. S. 100 auf (auch bei Crusius, Grammaticae graecae cum Latina congruentis p. II [Basileae 1563]: 'y sonat ut u Gallicum, apud nos füren, quod alij efferunt fieren [II, 2]). Dass Alb. hier wesentlich eigene Arbeit liefert, beweist seine bescheidene Äusserung S. 37. Der Abschnitt 'De Syllabis' enthält Vorschriften über die Silbentrennung, die auch bei Mel. (Lat. Gr. Camer. S. 11 f.) folgt. Von dessen Regeln konnte er nur die dritte übernehmen. Daran schliesst Mel. die Accentlehre, während Alb. erst noch mit einer kurzen Bemerkung 'De Abbreviaturis' der Anordnung Ruelands S. 15 bis 19 gerecht wird. Dieser zeigt zwar keine Abneigung gegen die Abkürzungen, warnt aber aus Schönheitsgründen vor zu häufigem Gebrauch, auch Camerarius S. 549 legt nicht viel Wert auf sie.

Die Einschiebung der Mundarten an dieser Stelle ist bei Albertus um so befremdlicher, als er dann noch Bemerkungen zur Orthographia folgen lässt. Mel. behandelt nach den Regeln 'de Tonis' die durch die Mundarten und durch gewisse Figuren verursachten Abweichungen von den Accentregeln, eine kurze Übersicht der Idiomata giebt er erst vor der Declination. Crusius hat schon Dialektgrammatiken.

Das Nachhinken der 'orthographiae generales observationes', von denen IV Eigentümlichkeiten der Mundarten bespricht, lässt sich vielleicht dadurch erklären, dass auch Camer. noch einen besonderen Abschnitt 'De Orthographia', allerdings am Ende des ganzen Buches hat. Er handelt dort u. a. über Doppelconsonanten (S. 545), vgl. Alb. III, über die Assimilation der Consonanten (S. 541 f.), vgl. Alb VII (Alb. VI berührt den S. 542 besprochenen 'consonantium concursus'), über die Aspiration (S. 543), vgl. Alb. VIII, und schliesst mit den 'notae distinctionum' ab, wie Alb. X, der hier dieselben Ausdrücke periodus, colon ('id est membra', sagt Mel.) und comma verwendet. Mel. bespricht ebenfalls Fragezeichen und Parenthese, dagegen nicht den Apostroph, den Alb. auch nicht kennt, obwohl ihn die griech. Gramm. (Camer. S. 25) anführt und Crusius auch für das Deutsche verwendet (II, 16 g'sagt pro gesagt; gieb mir's pro mier es, womit Alb. S. 89; 119; 133 zu vgl.).

Die Bemerkungen 'de figuris dictionum' sind, wie auch S. 43 angedeutet, der griech. Gramm. zu danken, wenn auch I deutsche Eigenart feststellt. Sie sind in ähnlicher Weise als Abweichungen vom Regelrechten aufgefasst, wie bei Mel.-Camer. S. 20 ff., auch nimmt IV wieder auf die Mundarten bezug. Beispiele für die von Alb. hier erwähnte Synkope usw. S. 45, 49 (VIII), 55 (VI und VIII), 83, 87, 98 f. usw.; für die hier noch nicht erwähnte Synaeresis S. 89, 119, 133.

Wie die griech. Gramm. (Mel. Corp. Ref. XX, 16), betrachtet auch Alb. die Lehre von der Betonung als Hauptteil der Prosodia; sie hängt eng mit der pronunciatio zusammen, als 'accidens syllabae' wird sie überall aufgefasst, daher lässt Alb. sie hier folgen, während die latein. Gramm. (auch Melanchthons an dieser Stelle meist nur die Accente kurz angiebt, das Genauere aber am Ende in Verbindung mit der Verslehre vorbringt. Diesem Herkommen schliesst sich Alb. also nur bezüglich der Verslehre an. In seinen Accentregeln folgt er aber mehr der lateinischen als der griech. Grammatik. Zwar stimmt die Bezeichnung des circumflexus als 'tardus' zu Mel. gr. gr. Sp. 19 (circumflexus non elevat, sed tardat), auch verrät III (S. 42) Anklang an Sp. 21 'monosyllaba . . vel differentiae vel ἐγκλίσεων causa variantur', die Bestimmung aber 'Monosyllaba acuto efferuntur, quae positione longa sunt' beschränkt, was Camerar. S. 498 sagt: 'Ceterae sive breves sive longae positione acuuntur', und das Weitere zeigt in Auffassung und Ausdruck deutliche Beziehung zu Camerar. S. 498 ff. Nur ist die Betonung der Dreisilbigen auf der Antepaenultima nicht wie bei Cam. S. 499 an die Bedingung geknüpft, dass die vorletzte kurz sei. Wie Camer. S. 499 berücksichtigt Alb. auch die Fremdwörter (IX) und die Composita (S. 501, Alb. VI). Warum in diesem Zusammenhang unter VIII nochmals die 'aspiratio' berührt wird (vgl. S. 41, VIII), ist mir nicht klar.

Mit der Etymologia begiebt sich Alb. noch mehr ins Fahrwasser der latein. Gramm. als bisher.

In der Aufzählung der Redeteile S. 46 lässt er gleich Donat die übliche Einteilung in 'declinabiles' und 'indeclinabiles' ausser acht; auch Mel. hebt sie nicht hervor, ohne sie aber zu verletzen. Das Fehlen des Artikels im Lateinischen wird dort durch die vom Adverbium abgetrennte Interjektion ausgeglichen: Alb. hält sich hier natürlich ans Griechische.

Den Unterschied zwischen Artikel und Pronomen, den Rueland S. 31 und Camer. S. 220 f. (vgl. Mel. gr. gr. Sp. 29) aufzeigen, berührt Alb. nicht, ja er verwischt ihn (S. 47, II 49, VI), wohl infolge davon, dass auch Mel. beim Artikel das indefinite τις mit behandelt. Die Behandlung von eß als Artikel (vgl. S. 52; S. 94 scheint Alb. mehr für die Auffassung als Pronomen zu sein), ebenso die weiteren Darlegungen beruhen auf eigenen Beobachtungen und Erwägungen, falls sie nicht etwa Erscheinungen der französischen Grammatik wiederspiegeln, wie auch S. 51, XIII an den Gebrauch von 'des' und von 'sans' ohne Artikel erinnert. Die von Camerarius beim Gerundium S. 239 und in die Syntax S. 405 eingefügte Bemerkung über den substantivierten Infinitiv S. 52, XIII ist auch in der Grammatica Gallica von Rob. Stephanus (1558), S. 20 beim Artikel zu finden.

Beim Artikel spricht sich auch Melanchthon über die Zahl der Casus aus (Sp. 29), lässt aber hier ausser dem Ablativ auch den Vocativ ganz weg. Dass Albertus seines Ablativs doch nicht ganz sicher ist, beweisen die wiederholten Bemerkungen S. 92, 131, 133, 140, XII f., wo er immer nachgiebiger wird.

Beim Nomen, dessen deutsche Definition ganz von der der Alten abweicht und an die S. 46, I gebrauchten Ausdrücke 'sensibilis' und 'intelligibilis' anklingt, macht Albertus keinen Gebrauch von dem üblichen Unterscheidnngsmittel zwischen Substantiv und Adjektiv[1], auch zeigt er eine Vermengung der Angaben mehrerer Grammatiker. Die Erklärung der 'nomina propria' erinnert an Consentius V, 338: 'propria ab individuis manant', die des Adiectivums enthält Worte Priscians 60, 6; die Comparatio wird, wie bei Donat und Melanchthon (s. S. 212), unter die festen Nominalverhältnisse gestellt, während Priscian und Diomedes (nach ihnen Rueland) die Comparativbildung als Teil der Derivativbildung auffassen; für das Verhältnis der qualitas, das bei Donat und den meisten Neueren überall erscheint, steht hier wie überall fernerhin die von Priscian allein gebrauchte Bezeichnung species, mit der Melanchthons lateinisches Werk erst durch Camerarius bereichert wurde (S. 194). Abgesehen von ihr zeigt Melanchthon dieselben Accidenzien, auch die declinatio, die ich zuerst bei Rueland finde. Im Unterschiede von Melanchthon S. 23 lässt Albertus der Comparatio die Motio des Adjektivs vorausgehen, die anderwärts, z. B. bei Crusius (Gr. lat.), erst unter dem Genus besprochen wird, ja bei Aventin darnach. Melanchthon behandelt sie wenigstens unmittelbar vor dem Genus. — Den Unterschied zwischen attributivem und praedicativem Gebrauch des Adjectivums, an den Reg. I anknüpft, finde ich für die griechische Syntax zuerst aufgestellt in Michael

---

[1] Jac. Henrichmann, Grammaticae Institutiones (Argentinae 1512) bij: 'Substantivum est, cui proponitur articulus . . et cognoscitur, quando eius teutonico commode addi non possunt man weib oder ding' (so abgesehen von Aventin, Cochlaeus, Crodelius u. a. noch Melanchthon und Crusius A$_4$). Die Scheidung zwischen den beiden Nomina war den Alten nicht geläufig, nur Priscian hat einen Ansatz zur Unterscheidung sowohl wie die Benennung Adiectivum, s. L. Jeep, Zur Gesch. der Lehre von den Redetheilen (Leipz. 1893) S. 152; 158 ff.

Neander Soraviensis, Graecae linguae erotemata (Basileae 1559) S. 145 (1. Ausg. 1553, s. Corp. Reform. XX, 14). — Den Hinweis auf die den Comparativ verstärkenden Wörter S. 55 hat auch Crusius II a_5: 'Comparantur adiectiva quorum significatio augeri minuive potest, denen man zusetzen kan: Noch oder mehr, aller oder vast.' Melanchthon nennt nur in der Syntax S. 386 'tanto, quanto, eo, quo'. Selbst bei M. Crodelius, Institutiones grammaticae Latinogermanicae. (Basil. 1541) fehlen sie.[1] — Allen Zusammenhang zu entbehren scheint die in die Comparation eingeschobene Bemerkung über die Motion der Substantiva S. 56, XII. Sie erklärt sich nur dadurch, dass Melanchthon S. 24 die 'Substantiua mobilia' berührt. Die Anomala freilich (XIII) hätte Albertus voraufschicken sollen (S. 69, 4 hat er übrigens auch das von Melanchthon gebrauchte Beispiel lupus, lupa).

Die Auseinandersetzungen 'De Genere' leitet Albertus mit einer Wendung ein, die Melanchthon in seiner griechischen Grammatik bei Beginn der Tempora (Sp. 83) gebraucht. Auch hier verschmäht er die mechanischen Mittel der lateinischen Grammatiker, die den bestimmten Artikel als 'nota generis' verwendeten, wie sie mit Hülfe des unbestimmten das Nomen unterschieden. Nur unter X (S. 62) verfällt er diesem Mechanismus. Wenn Albertus das 'genus commune' vom Deutschen ausschliesst, so hat er dafür das 'genus omne', das nur in den Excerpta Bobiensia als besonderes erscheint und sonst immer als ein Teil des 'commune' behandelt wird. Die Bezeichnung 'dubium genus' fehlt bei den Grammatikern ausser Priscian 141, 16 (vgl. 169, 6 ff.); sachlich ist es allerdings bei Donat vorhanden. Für das 'Epicoenum' Priscians setzen die andern den Ausdruck 'promiscuum'.

Die Hauptregeln schliessen sich an die in den lateinischen Grammatiken üblichen 'Regulae generales' an. Insbesondere zeigt aber der erste Absatz unter I (S. 57) Ähnlichkeit mit der Regel bei Joh. Spangenberg, Grammaticae latinae partes (Lipsiae 1551) D_3. Die Flussnamen freilich setzt

[1] Alb. scheint dieses meist auf Donat fussende Werk überhaupt nicht gekannt zu haben.

Albertus entgegen den Humanisten unter die Feminina. Die Monatsnamen führt schon Melanchthon deutsch an, bei den Winden hat er 'aquilo' für 'boreas' und den Typhon überhaupt nicht. Unter den Femininis ward von jeher 'obstetrix die hebam' verwendet (schon von Aventin, 1, 387), 'nutrix die Säugam' auch von Crusius II a_6ᵇ. Rhenus und Albis begegnen auch bei den von Melanchthon abhängigen Grammatikern als Beispiele, ebenso unter den im Lateinischen weiblichen Städtenamen Rom und Nürnberg. Bei Crusius erscheinen als neutra 'fructuum nomina et nomina significantia loca arborum': 'vinetum ein weinberg, salicetum ein ort, da viel weiden wachsen' (ähnlich bei Crodelius, der aber das Wort 'Weinberg' nicht kennt): hieraus scheint Albertus seine Regel über die 'Nomina copiam significantia' geschöpft zu haben.

Trotz seines S. 57 ausgesprochenen Bedenkens macht Albertus S. 60, IIII ff. den Versuch, das Geschlecht nach den hauptsächlichsten Endungen oder doch Suffixen zu bestimmen: er kann sich der Einwirkung der nach Priscians Muster von den Humanisten an die allgemeinen Erörterungen angeschlossenen 'regulae speciales' nicht entziehen. Dass Albertus dabei mit dem Femininum beginnt, mag seinen Grund darin haben, dass bei Melanchthon usw. die Feminina auf -a den Anfang machen. Die Diminutiva, deren genus Priscian 104 f. bespricht, erfahren nach dieser Seite hin auch bei Camerarius keine besondere Behandlung: Albertus greift hier vor in das Verhältnis der Species, ebenso mit VIII (S. 61) in das der Figura. Ob er sich bewusst war, dass er auf die deutschen Composita dieselbe Regel anwandte, die für die lateinischen Diminutiva gilt? Weder Priscian noch Camerarius sind zu ihr vorgedrungen.

Beim Epicoenum kürzt Albertus Melanchthons Aufstellungen ab, verwendet aber dasselbe Beispiel 'Pavo'. Der Anschluss der Zahlwörter an dieser Stelle wäre verwunderlich, wenn nicht auch hier das Vorbild der Humanisten die Erklärung böte. Für das noch nicht besprochene Genus omne bieten sich die Zahlwörter dar ausser 1—3. Schon Aventin (1, 387, 23) hatte die Hauptregel: 'Omnis generis sunt omnia nomina numeralia'. Melanchthon (und Crusius) sagt genauer: 'Numeralia nomina a quatuor ad centum et generis omnis et indeclinabilia sunt'. Damit stimmt Albertus S. 64 überein. Ihm erscheint die Gelegenheit passend, die Declination der Zahlwörter von 1—3 zu geben. Die von Melanchthon ebenfalls hier aufgeführten Ordinalia folgen bei Albertus erst S. 72, die übrigen bei den Adverbien. Dass nun noch die Adjectiva einer Endung berührt werden, entspricht der griechischen Grammatik, vgl. Rueland S. 37.

Wieder auf Rueland werden wir geführt durch das für die Figura verwendete Beispiel. Er hat die Reihe ἵππος, φίλιππος, παραφιλιππίδης. Die nur von Priscian 180, 9 angesetzten Decomposita erwähnt Camerarius nur kurz; Albertus sucht gleich Priscian 179, 11 die Wörter festzustellen, die mit dem Nomen zusammengesetzt werden können; zu II vgl. Priscians 'ex nominativo et obliquo' (für den Nominativ gebrauchte schon Aventin Varros Ausdruck 'rectus'), sowie die Stelle 439, 28 (175, 8).

Wenn Camerarius S. 77 auf die durch die Composition hervorgerufenen Lautveränderungen hinweist, so fehlt bei Albertus jeder Zusammenhang mit der Composition für IIII und VII (S. 66, vgl. Camer. S. 8 und 10). Hier drängt sich die Vermutung auf, dass er eine noch unbekannte Vorlage recht mechanisch umarbeitete. — Dass für einige Composita keine Simplicia vorhanden sind, bemerkte Donat 384, 7 und ausführlicher noch Priscian 435, 4; 562, 4. Auch Melanchthon erwähnt diese Thatsache Sp. 303 (Camerarius S. 245), vgl. auch Alb. S. 45 und 70.

Durchaus auf Priscian führt der Abschnitt 'de speciebus' zurück. Dass Albertus seine Einfügung nach den figurae als passend bezeichnet, ist vielleicht dadurch hervorgerufen, dass Camerarius ihn erst S. 194 an die Behandlung der übrigen Verhältnisse anschliesst. Die Worte 'quanam origine .. nascatur' hat auch er; Priscian 562, 4; 549, 7 u. ö., die Bezeichnung 'primitivum' (57, 9 'species principalis et derivativa'). Seine Erklärung der primitiva und derivativa giebt Albertus S. 88 deutsch wieder, wie er schon beim Nomen verfuhr, s. o. S. VIII. Seine Einteilung der derivativa stimmt mit der des Camerarius überein, d. h. mit Priscian: nur dieser hat den Ausdruck 'denominativa', die andern dafür 'paronyma'. Die sonst nicht vorkommenden gentilia bringt Priscian allerdings nicht 57, 9, sondern erst 61, 3 und 68, 11. Dagegen weicht Albertus von Priscian (und Diomedes) ab, insofern er mit Donat, Consentius und Probus die Comparation selbständig als Nominalverhältnis behandelt, s o. S. VIII. Priscian weist auch insbesondere auf die Patronymica hin, mit denen die Römer ohne Nachahmung der Griechen die Söhne nach den Vätern bezeichneten (Albertus IIII S. 67). Die Possessiva und Gentilia fasste auch Camerarius zusammen, dessen Worte Albertus hier gebraucht, um dann gleich ihm die Endungen aufzuführen. Auch die Anfangsworte von VI liest man bei Camerarius, der die denominativa ebenfalls nach den Endungen ordnet. Sogar die von ihm gebrauchten Beispiele 'Pudicitia' und 'audacia' usw. erscheinen bei Albertus S. 69, 1 und 2. S. 207 fährt Camerarius fort: 'His adde et numeralia, quae vel ordinem significant vel distributionem': Albertus verfährt S. 72 entsprechend. Vorher bringt dieser einige Participia zur Sprache, deren lateinische Gegenstücke bei Melanchthon-Cam. S. 317 f. (Corp. Ref. XX, 325) erwähnt sind, vergl. Donat. 388, 13, Priscian 561 ff. (Crodelius AA 3 hat ausser 'coenatus, disertus' usw. auch 'falsus' im aktiven Sinne, einer der da betrügt, den das 'Vocabulorum in Ioannis Coclei Grammaticam Collectaneum' von Georg Altenheymer (Argentor. 1515) fol. 25 noch nicht kennt). Dieselbe Teilung, die Albertus S. 73 vornimmt, finden wir schon bei Camerarius, sogar die Beispiele 'advena, scriba, credulus, ruber'. Wie Camerarius mit Priscian (und Diomedes) nur die Form diminutiva gebraucht, so kommt auch bei Albertus das deminutivum der andern Grammatiker nicht vor.

Eigenes Verdienst des Deutschen sind die Aufstellungen S. 74 ff., ebenso die der Declinationen, bei denen nur die literae terminales auf Priscians Vorbild hinweisen. — Den Ausdruck 'aptotus' S. 82 und 86 wendet Priscian (II, 195 ff.) auf die Wörter an, die nur im Nominativ und Vocativ (beim Neutrum auch im Accusativ) gebraucht werden; in dem von Albertus gemeinten Sinne gebraucht er 'Monoptota'. Letzterer schliesst sich hier den übrigen Grammatikern an, bei denen 'aptota' solche sind, 'quae pro omni casu una eademque terminatione funguntur',[1] wofür wieder bei Donat und Diomedes 'forma simplex vel unita' deckender Begriff ist. Bei Melanchthon ist aptotus S. 194 auf huiusmodi usw. angewendet. Den Ausdruck ὁμοιόπτωτα (S. 87) verwenden die lateinischen Grammatiker nicht, die übrigens die Defectiva viel genauer behandeln.

Die Erklärung für das Pronomen, welches in der griechischen Grammatik (Melanchthon, Rueland usw.) erst nach dem Verbum folgt, deckt sich mit keiner der Alten, klingt auch kaum an die Donats an: 'pars orationis pro nomine posita (tantundem paene significat)', da hier einfach das Wort erläutert ist. Auf eigene Aufstellung deutet wohl auch der Satz, mit dem Albertus seine Erklärung S. 87 abbricht. Die Accidenzien gleichen bis auf die Declinatio der Aufreihung Melanchthons (die Significatio rührt von Asper V, 550, 26 ed. Keil her). Die lediglich formale Einteilung der Species fand Albertus bei Camerarius, der auf Priscian 577, 6 fusst. Letzterer kennt aber weder den Begriff Significatio noch die pronomina gentilia,[2] die Melanchthon nennt.

Die deutsch gegebene Erklärung der Demonstrativa und Relativa hat im Hintergrunde die Unterscheidung Priscians: 'praesentes inter se sunt et demonstrativae (ego, tu, hic, iste), relativa (is, ipse) praesens iuxta (iste) et absens vel longe posita (ille)'. Dem Wortlaute bei Alb. näher kommt Crusius II, d_7 b: 'significant demonstrationem rei praesentis, darumb das sie ein ding anzeygen, das vorhanden oder zugegen ist, vel demonstrationem rei absentis vel recordationem ante dictae'. Wie Camerarius setzt auch Albertus Interrogativa an trotz Priscian II, 20, 21 ff. Die reciproca sui suus, 'quae ad eandem personam redeunt', liess Albertus weg, ebenso wie die von Rueland S. 160 unter die Derivata gerechneten Composita ἐμαυτοῦ; auch das Relativum (so auch bei Mel., P. Ramus und Crusius Gr. gr. II, 101) αὐτός fehlt ganz bei Albertus. Camerarius begründet den Unterschied zwischen

---

[1] s. Jeep a. a. O. S. 140 f.

[2] Crusius II, d_8 b Darumb das sie einsen vatterlandt vnd heymat, rott vnd anhang bedeuten.

ipsum und se — Albertus kannte aber das Reflexivum noch nicht. Vgl. S. 129 secum mit jhm oder mit sich. Auch die Scheidung Donats in 'finita' und 'infinita' ist ihm fremd.

Die Behandlung der Genera ist ungleichmässiger als bei Camerarius (generis omnis sind bei Crusius nur ego, tu, sui). Der Vocativ wird von Priscian auch für die dritte Person geleugnet, von andern nur für die erste; Crusius ermöglicht ihn nur für tu, meus, noster, nostras. Die Figura wird von den Alten meist in gleicher Weise behandelt wie bei Albertus; wie dieser bestimmt Priscian 589, 11 ff. die Compositio genauer als solche, die aus Pronomina besteht wie iste; und als 'ex duobus corrupta'. Auf die hiermit verbundene Verkürzung der Pronomina kommt Albertus wiederholt zu sprechen, s. S. 119; 133. Gleich ihm hat Camerarius eine Vorsichtsempfehlung: 'Sed in his compositionibus observent pueri consuetudinem emendate loquentium'. S. 217 sagt er: 'Componuntur inter se, vt isthic, secundo cum adverbiis, vt eccam, tertio cum syllabicis adiectionibus, vt met, te' etc. Auch das letztere (vgl. Priscian 590, 26) zeigt Albertus im Deutschen auf. — Noch hebe ich hervor, dass er zu der Bemerkung Priscians 582, 10 'possessivis solent praeponi articuli' nichts Entsprechendes zu sagen weiss.

Für das Verbum war die Erklärung Donats jedenfalls zu schulmässig, als dass davon hätte abgewichen werden können. Doch beschränkt sich Albertus mit Melanchthon auf den sachlichen Teil der Erklärung ('agi' ist noch in 'agere' zu verbessern), ohne die Bestimmung 'cum tempore et persona, sine casu' aufzunehmen (wie Crodelius u. a.)[1] Ebenso folgt bei Melanchthon S. 222 (auch in seiner griech. Gramm. S. 82 und bei Crusius) sofort die Einteilung in das personale, für welches beide dieselbe Erklärung und dasselbe Beispiel 'Ego scribo' geben, nur dass Albertus die Bemerkung über die deutsche Bezeichnung der Person einfügt[2], vgl. S. 98 I, und

[1] Crusius sagt beim Genus (II e_3): 'Genus Verbi est ipsa significatio. 'Eben die bedeutnuss, ob ein Verbum bedeut etwas THVN oder LEIDEN oder deren beder KEINS.

[2] Crusius II e 'Verbum cognoscis ex vernaculae linguae particulis'. Ich du der wir ir die.

das impersonale, welches wieder ganz wie bei Melanchthon eingeteilt wird (die Alten waren hier sehr unsicher, s. Jeep S. 234).

Die deutsche Übertragung der Impersonalia mit Hülfe von es und man war schon seit Anfang des Jahrhunderts in den lateinischen Grammatiken angegeben, z. B. in der Grammatica Jo. Coclei Norici (Argent. 1515) Cap. XXII. fol. XXXII (vgl. Kehr IV, 48); bei Aventinus im Abschnitt de constructione; auch Melanchthon bot sie, und Crodelius Co_3 b. Den Ausdruck 'verba exemptae actionis' braucht Camer. S. 395. (Crodelius führt am Ende der Constructio QQ_2 tonat, pluit usw. als 'Verba exceptae actionis' auf, wie sie auch Altenheymer (s. S. XII) fol. 83 nannte).

Die Accidenzien sind dieselben in derselben Reihenfolge wie bei Melanchthon (Crusius II c_2 b hat ausser der species auch Donats qualitas, unter der er die Teilung in persönliche und unpersönliche bringt). Beim Genus lässt Albertus commune und deponens weg; giebt er beim Activum und Neutrum gleich Melanchthon die Bedeutung an, so bestimmt er das Passivum lediglich formal, wie die Lateiner dies bei allen dreien thaten. Die Worte 'neutra . . aut actionem propemodum significant aut passionem' finden sich auch bei Crusius II c_3, dazu die Beispiele 'sto frigeo', bei Camerarius auch 'caleo'. Für die species ist natürlich wieder Priscian massgebend (427, 12 ff.). Kein anderer hat insbesondere die Erklärung für das inchoativum: 'initium actus vel passionis significat'. Die von den anderen Grammatikern, auch von Melanchthon beibehaltenen Beispiele der Alten (Priscian 431, 19 ff.) für die Diminutiva setzte Albertus nicht ins Deutsche um, wie z. B. Crusius II c_2 b that: 'sorbillo ich süpffle a sorbeo ich supff, cantillo ich sing ein wenig, ich dúderle'.[1] Auch für die frequentativa hat Priscian 429, 21 andere Beispiele; die ersten Zeilen S. 96 scheinen durch die Bemerkung bei Camerarius S. 233 angeregt zu sein: 'quaedam non rite formantur, vt a tango taxo, a veho

---

[1] Auch Altenheymer fol. 91 b hatte: 'sorbillo ein wenig aber offt suppen'; fol. 81: 'patrisso dem vatter nachschlahen in sitten'.

vexo.' Die Imitativa, welche Bezeichnung Priscian und Melanchthon nicht kennen, fügte Camerarius hinzu unter Beibehaltung von Priscians (431, 78) Beispiel patrisso (bei Crusius[1] — ich våtterle, ich schlag dem vater nach; in der gr. Gr. das Beisp. παροξίζω ad acorem vergo eßigeinen, was mit des Alb. weinsern zu vgl. wäre). Camerarius fügte auch hier wie beim nomen die figura decomposita (Priscian 434, 23) hinzu, und es entfaltet sich hier derselbe Formalismus wie dort (Prisc. 440, 18 ff.).

Die übrigen Verhältnisse des lateinischen Verbums stehen Albertus auch für das Deutsche fest, auch Gerundium und Supinum gehören zu den modi ohne alle Erörterung, während Melanchthon S. 239 sich noch vorsichtig ausdrückt.

Der bei den Alten nicht vorhandene Begriff des Hilfsverbums erscheint bei Albertus noch schwankend: S. 99, IIII; S. 104, XI, während das Verbum substantivum (s. die Erklärung des Ausdrucks bei Camer. S. 405) sein neben dem neutropassivum werden (zuerst S. 9 unten, vgl. S. 142, X) feststeht wie bei den Alten, so Priscian 414, 15; 420, 9 u. ö. Doch ist die Behandlung, welche diese drei Verba bei Albertus hinter einander erfahren, natürlich nicht klassisch, sondern durch die deutsche Tempusbildung bedingt; noch für Camerarius lag kein Grund vor, werden anders als bei fio unter den Anomalis S. 302 unterzubringen. Diese Anordnung Donats verliessen auch Melanchthon, Crodelius usw. nicht, trotzdem dort die Formen von esse im Paradigma des Verbums schon immer gebraucht wurden. Hier kommt Albertus dem praktischen Bedürfnis, dem Standpunkt des Deutschlernenden durchaus entgegen, und sein Verfahren ging auch in die spätere lateinische Grammatik über.

Was Einzelheiten anlangt, so ist ein äusserst wichtiger Begriff der der 'vocales characteristicae', den Albertus nicht nur S. 43, IV, sondern auch S. 99, I; 101, I ohne alle Erklärung aus der alten Grammatik herübernimmt (ebenso Thema

---

[1] Mit vollem Bewusstsein verfährt schon die französische Grammatik so, z. B. Jacobi Syluii Ambiani in linguam gallicam Isagωge (Paris 1531) p. 129; auch Estienne, Gramm. gall. p. 35). Desgleichen Jean Garnier: Institutio Gallicae linguae (Genevae 1591) p. 42 (zuerst 1558).

103, VII). Er gebraucht ihn aber nicht in dem Sinne von Tempuscharakter, wie Melanchthon (Gr. Gr. Sp. 86, 94 u. ö.), Camerarius (lat. Gr. S. 248) usw. (Crusius gr. Gr. hat 13 Conjugationen unterschieden durch 'lit. char., id est figurativae vel formativae'; und in der lat. gr. IIc$_6^b$: 'character heysst das Zeychen in praeterito und supino einer yeglichen conjugation'), auch nicht im Sinne Ruelands S. 67 als 'litera quae praecedit ω finale', so dass Albertus durch die Dehnung der Stammvocale bei den Verbis puris, insbesondere den contractis (Camerar. gr. Gr. S. 109) zu seinen Beobachtungen im Deutschen geleitet worden wäre, sondern er versteht darunter überall dasselbe, was mehrfach als 'panultima vocalis' bezeichnet wird, so von Melanchthon, wo er die Tempusbildung der Verba liquida bespricht, Sp. 93: 'Interim quod alii magnis commentariis agunt, disce, ut vocales praeteritorum paenultimae variant intercisis diphthongis, σπείρω ἔσπαρκα, στέλλω ἔσταλκα' etc., 'Peculiariter enim verba quintae coniugationis, quae ε in futuri penultima habent, α in praeteriti penultimum transferunt. Quod et in aliis quibusdam servatur . . . ut στρέφω ἔστραφα, τρεφω τέτραφα'. Sp. 98: 'In formando aoristo primo penultimas vocales observa. Quintae coniugationis verba, quibus α in futuro primo est, η hoc aoristo faciunt; quibus ε, ει habent: φανῶ ἔφηνα, σπερῶ ἔσπειρα'. Sp. 89 lehrt er für das Imperfectum: 'Animadvertant pueri, ne quid praesentis characteristicae mutent, id quod proclive admodum est in verbis diphthongatis ut χαίρω'.

Hierin nur kann Albertus das Analogon zum deutschen Ablaut gefunden haben, der ja freilich noch nicht erkannt ist (Metathesis in schreibe : schrieb S. 43!); an das seit G. Curtius in die Schule eingeführte analoge Verhältnis bei den starken Temporibus dachte er ebensowenig wie Melanchthon, der bei dem starken Aorist Sp. 98 keine Vocalwandlung erwähnt (wie auch Camerar. S. 175 nicht), ja derartiges kurz abthut mit der Bemerkung Sp. 98: 'De verbis aliarum conjugationum non est ut labores'. Vgl. damit Alb. S. 103 f. VII; IX.

Für das Augment, als welches bei Melanchthon auch die Reduplication gilt Sp. 92, fand Albertus ein Gegenstück in der Silbe ge, allerdings nur im Perfectum (= praeteritum simplex S. 102, II f.). Dass das Imperfectum im Deutschen und Griechischen gerade in diesem Punkte verschieden ist, bemerkt er nicht. Das Fehlen dieses ge im Participium der Mundarten wie der untrennbaren Composita stellt er dagegen sicherlich an der Hand der mannigfaltigen Regeln über das Augment im Griechischen und die Reduplication im Lateinischen fest. Auch findet er hier Ausnahmen gleichwie Melanchthon (Sp. 304 f. = Camer. S. 247 f.): 'iam et hoc monendi sunt pueri, quod si praeterita simplicium geminent, primam syllabam, in compositis id non observetur. Verum haec in compositis etiam geminant primam syllabam Do circumdedi usw.'

Ob die Bemerkungen XII—XIIII S. 105 f. auf eigene Entdeckungen des Albertus oder auf ein Studium etwa der französischen Grammatik zurückzuführen sind, kann ich gegenwärtig nicht feststellen; die oben erwähnten Werke enthalten nichts der Art. An XIIII streift Cochlaeus mit der Bemerkung fol. 30: 'Praeteritum quidem perfectum per hab quandoque per bin' usw.

Das Futurum giebt Crusius wieder durch: ich würd oder ich will, während Cochlaeus und Aventin ich wird bieten wie Albertus.[1] Auch im Imperativ weicht des Crusius Deutsch ab: sollen verwendet er nur für den futurischen, für den des Praesens nur laßt vns und im Passivum werden wir geliebt, sogar werd du geliebt. (Imp. Fut. Pass. wir sollen geliebt werden). — Der Optativ, bei welchem hier dieselbe imitatio Graecorum statt hat, wie in der lateinischen Grammatik (Prisc. 407, 24), aber ohne die Zweifel, mit denen man den praeteritalen Optativ dort betrachtete (vgl. Jeep S. 224), zeigt dieselbe Verstärkung wie in den Übertragungen bei Cochlaeus und wie in der französischen 'Pleust a Dieu'. Im Conjunktiv, wie ihn Donat nennt (Prisc. 422, 16 versteht unter dem Subjunktiv den dubitativus) ist überall die Verdeutlichung durch Conjunktionen (so, da usw.) üblich, ganz wie im Griechischen ἐάν vorgesetzt ist.

---

[1] Für den Opt. Fut. gebraucht Crusius ich wurde, für den Opt. praes. und fut. pass. ich würde, sonst im Passivum ich wird, ich ward, wir wurden, dazu Conj. war, warest, waren.

Wenn die lateinische Grammatik noch die Conjugation der Impersonalia folgen lässt (bei Melanchthon Sp. 322 = Camerarius S. 309 mit Hinweis auf die deutsche Übersetzung), so erspart sich Albertus dies naturgemäss, nicht minder aber auch die Anomala. Statt dessen kommt er S. 119 wieder auf die Verschmelzung von ihn, sie, es, mit dem Verbum zurück (vgl. S. 89).

Die griechische Grammatik hat keine besondere Behandlung des Particips, obwohl es als Teil der Etymologie mit aufgeführt ist. Melanchthon fasst es in der latein. Gr. als nomen verbale auf, wie Albertus auch, der sich im übrigen an die Worterklärung Donats 387, 18 hält 'quod partem capiat nominis, partem verbi.'[1] Die Reihenfolge der Accidenzien weicht von der bei Melanchthon ab, insofern dieser Tempus vor Significatio stellt, ausserdem fügt Albertus noch die Declinatio zu der von den Alten angesetzten Sechszahl (vgl. beim Nomen). An die von anderen Humanisten, z. B. Crusius, vorgenommene Anordnung ('accidentia a nomine, a verbo, ab vtroque') kehrt sich Albertus auch nicht. Dass Participien mitunter nomina werden, erwähnte Melanchthon Sp. 326 (= Camerar. 318).

Die Erklärung des Begriffes Adverbium knüpft zwar an das Wort an, scheint aber mit ihrem Nebensatze mehr Melanchthon anzugehören, der (lat. Gr. Sp. 326) sagt: 'adverbium vocarunt quod actionis aut passionis circumstantiam una voce effert', als den übrigen Grammatikern, die mit Donat erklären: 'pars orationis quae adiecta verbo significationem implet atque explanat'.

Die Erläuterung der beiden species, deren Namen doch schon früher gebraucht sind, hat Albertus an dieser Stelle mit Melanchthon gemein, der sogar dasselbe Beispiel 'vesperi' zeigt; nur ist die Erklärung der derivativa gegenüber Melanchthon ('quae cadunt aliunde') verengert. Die Bemerkungen über die Bildung der Adverbia, namentlich die V., haben bei

---

[1] Crusius: 'partem capiens nominis partemque verbi' stimmt noch mehr mit Albertus überein.

Melanchthon kein Vorbild, auch in der Syntax nicht. Mit VI streift Albertus an die Bemerkung Melanchthons (Sp. 327 = Camer. S. 320): 'Saepe et nomina genere neutro fiunt adverbia'. — Unter figura lässt Albertus hier die Decomposita Priscians weg; die Comparation beschränkt er auf diejenigen nominaler Ableitung, fügt aber doch wie Melanchthon den Hinweis auf Adverbia wie oft (bei Melanchthon ist saepe das erste Beispiel) hinzu.

Den grössten Fleiss verwandte Albertus auf die Significatio, deren Einteilung schon die Alten zu wetteifernder Thätigkeit veranlasste. Auf die alte Grammatik geht denn auch Albertus deutlich zurück. Was Melanchthon mit einem Hinweis auf Donat abgethan hatte, die capita significationis vervollständigte Camerarius in einer Weise, mit der er Albertus bedeutend vorarbeitete. Zwar ist die Reihenfolge bis zu den fragenden Adverbien bei ihnen verschieden, auch führt Camerarius die Bezeichnung durch den Genitiv gleichmässiger durch als Albertus, — nur die von Donat eingeführten personalia weichen davon ab, die bei Alb. S. 129 circumstantia heissen — bei den Adv. affirmandi (diese Bezeichnung fehlt bei Albertus S. 126) lässt Camerarius wie überhaupt die Grammatiken die Hervorhebung der Ironica (S. 127) vermissen: aber der gesamte Vorrat stimmt, auch abgesehen von der Reihenfolge (die aber von S. 127 an völlig gleich ist, bei Camer. von S. 326 an), so bei beiden überein, dass man mit Sicherheit den Anschluss des Albertus an Camerarius annehmen kann. Nur darin dass Melanchthon gleich Priscian die von Städtenamen gebildeten Localia nicht unter die Adverbia gerechnet wissen will, weicht Albertus von jenem ab: durch seine einleitenden Worte ('quod inter adverbia integrae etiam phrases numerentur') glaubte er sich jedenfalls berechtigt zu seiner Einreihung.[1] Die Übereinstimmung in den einzelnen Worten und Wendungen nachzuweisen, nähme allzuviel Raum

---

[1] Auch solche Grammatiken, die hauptsächlich Donat folgen, verfahren hier zweifelhaft: Crodelius führt Städtenamen erst unter den Adv. localia ex loco signif. auf.

ein. Nur sei auf die bis in die Reihenfolge der einzelnen Beispiele genaue Übereinstimmung bei den Adv. intendendi hingewiesen, die Priscian allein unter den alten Grammatikern aufweist und Camerarius noch über ihn hinaus vervollständigt (Prisc. hatte auch keine adv. numeri, demonstrandi, interrogandi, respondendi, concedendi, eventus).

In der Zurechnung der Interjektionen zu den Adverbien folgt Albertus natürlich der griechischen Grammatik und Priscian, der die Zusammengehörigkeit auch für das Lateinische zu begründen sucht, desgleichen Melanchthon, welcher in der griechischen Grammatik gleich zu Anfang der Adverbia (Sp. 134) die Interjectio als 'adverbium quoniam verbi nota' bezeichnet. In der dort unterlassenen Aufführung und Einteilung folgt Albertus wieder der lateinischen Grammatik, und zwar der ausführlicheren des Camerarius, fast Wort für Wort.

Den Vergleich der Praepositionen mit dem Adverbium, den Albertus S. 131 anstellt, finde ich nur in formaler Hinsicht bei den Alten (Charisius 189, 10; 231, 24, Diomedes 407, 19; 409, 20) und bei Melanchthon geführt. Dass auch von Adverbien Casus abhängen oder Praepositionen Adverbien sein können, bemerkt Albertus erst in der Syntax S. 148.

Bezüglich der Accidenzien verweist Melanchthon auf Donat, und bei diesem und Diomedes finden sich die Worte 'casus tantum praepositioni accidunt'; wie diese beiden Grammatiker sieht auch Albertus von figura und ordo sowie jeder andern Einteilung ab, vgl. Jeep S. 290. Die griechische Grammatik teilte in Monosyllaba und Disyllaba; ausserdem in separabiles und inseparabiles. Den Begriff der letzteren verwendet Albertus an anderen Stellen, so S. 97, III; 123, VI; 157, III., vgl. 149, und durch ihn ist wohl auch der Hinweis auf die Verschmelzung der Praepositionen mit dem Pronomen S. 133 veranlasst. Im Einzelnen gebot hier das Deutsche selbständiges Verfahren.

Die Behandlung der Conjunktionen bei Albertus stimmt wieder durchaus mit dem vervollständigten Melanchthon überein, sogar in der Reihenfolge. Der sonst übliche Ausdruck Priscians 'species quam alii potestatem nominant, quae est in significatione coniunctionum' ist hier durch 'potestas seu significatio' ersetzt, (gramm. lat. ed. Keil III, 93, 9), und wo Camerarius durch einen Zusatz eine besondere Bedeutung einzelner Conjunktionen feststellt, setzt Albertus eine besondere Art an, so die conferentes (Cam. 340 'copulativa collationem aliquando significant'), dubitativae und electivae (dieser Ausdruck wird nur von Priscian gebraucht), wo das Beispiel des Camer. S. 341 'diues esse malim quam pauper' noch eine besondere (persönliche?) Färbung erhält, ferner die minutivae und exclusivae (Cam. unter den adversativae: 'saltem etiam minuendi vim habet et inter exclusivas particulas refertur'): der Ausdruck collectivae ist aus Priscian zu den causales hinzugesetzt, als deren Unterarten die continuativae und adiunctivae (beide hat Priscian allein) bei Camerarius erscheinen. Bei den ratiocinativae puta, nempe usw., bemerkt Camer. S. 343: 'quae tamen et confirmandi vim quandam habent et plerumque exprobrandi gratia adhibentur': daher flossen die Bezeichnungen confirmativae und exprobativae. Der Zusatz 'et ironicae' geht wohl auf den in der Anmerkung von Camerarius citierten Valla zurück. Bei den ordinativae beschäftigt sich schon Camerarius mit dem Verhältnis zu den Adverbien. Man sieht hier besonders deutlich, dass Albertus nicht geradezu abschreibt, sondern in selbständiger Form sein Verständnis der Sache beweist. Das zeigt auch sein auf eigener Erfahrung beruhender Zusatz zu den completivae, ja selbst die kurzen Bemerkungen über das Accidenz Ordo, wo Melanchthon-Camerarius sagen: 'quaedam praepositivae sunt, quaedam indifferenter praeponuntur et postponuntur'.

In der Syntax, in die wie bei den alten Grammatikern schon bisher öfters durch Bemerkungen übergegriffen war, folgt Albertus ganz der Anordnung Melanchthons nach den Wortklassen, doch hat er Überschriften, die eine selbständige Gliederung des Stoffes bezeugen.

Die erste Regel geht übereinstimmend mit der grössten Zahl der Grammatiken auf die Congruenz von Substantiv und Adjektiv; die Veranlassung aber zu der daran geknüpften Stellungsregel ist in lateinischen Werken nicht gegeben; dagegen erkennt man aus dem letzten Satze die Anlehnung an Camerarius, der die I. Regula Melanchthons bedeutend erweitert und S. 364 aufmerksam macht, dass 'interdum adiectiva substantivorum naturam induunt, quando duo vel plura sine substantivo concurrunt'.

Regel II findet sich auch nur bei Camerarius, und zwar als Ausnahme III von der Regel II Melanchthons, S. 368: 'Cum ad verbum vel totam orationem praecedentem relativum infertur, neutro genere plerunque ponitur', nur dass Albertus gemäss seiner früheren Darlegung unter Relativum das Demonstrativum versteht ('Item pronomina hic, iste, ille, cum fiunt relativa', sagt der Jesuit Emmanuel Alvarus in seinem noch im 18. Jh. aufgelegten 'De constructione octo partium orationis liber [Dilingae 1572]' p. 7.).

III bildet keine Regel, sondern giebt nur eine Definition Priscians (61, 21) wieder: 'Collectivum et, quod singulari numero multitudinem significat, ut populus, plebs' und wäre besser mit V (S. 141) verbunden worden. Camerarius gebraucht den Begriff ohne Erklärung S. 375.

R. IV entspricht R. III bei Melanchthon Sp. 349 wörtlich (hier fehlt auch wie immer bei M. die Praeposition in beim Ablativ, die bei Alb. in I, V u. ö. aus dem Deutschen sich einschlich). Bei Camerarius bildet sie R. I unter Genitivus cum nomine S. 372, und ihr ist S. 373 f. als Ausnahme untergeordnet, was Alb. unter V sagt (bei Mel. = Reg. XIII Sp. 352 a. E. der Nominum syntaxis). VI ist veranlasst durch R. IV bei Mel. Sp. 349, die bei Camer. R. I unter abl. cum nomine bildet mit dem Zusatz S. 386: 'pro Ablativo interdum et Nominativus ponitur cum particula quam'. Dementsprechend ist VI = Mel. V Sp. 350, bei Camerar. R. III unter gen. cum nomine S. 375.

VIII = Mel. VI (Camer. IV S. 376), wo Mel. auch auf den Gebrauch von inter hinweist. Als 'Superstitio latinorum' hatte Alb. schon S. 51, XII den Gebrauch des Comparativs bei zwei Gegenständen zurückgewiesen.

IX = Mel. VII (Cam. V S. 377) mit Einfügung von 'reatum, laudem, dignitatem' und Hinzunahme des genit. qualit., worüber bei Mel. Sp. 352 (X und XI) gehandelt ist.

X = Mel. VIII Sp. 351 mit Einfügung von 'commodum'

und 'necessitatem'. Ist letzteres in dem Sinne von verwandt zu verstehen, so ist Camer. R. I S. 381 herangezogen, welche 'commodum' und 'affinitatem' vereinigt.

XI findet sich bei Mel. nicht; dagegen hat Camer. S. 383 beim Dativ die Bemerkung: 'Quaedam accusativum cum praepositione recipiunt: idoneus, inutilis rei et ad rem'.

XII entspricht R. II bei Camer. S. 387: 'Ablativo casu efferuntur, quae causam, instrumentum . . significant'. Die copia und qualitas behandelte Camerarius zum Teil beim Genitiv S. 378 ff., zum Teil beim Ablativ S. 390 f., worauf er S. 387 selbst hinwies. Die numeralia ordinis Alb. XIII schloss auch Camer. S. 388 unmittelbar an: 'ablativum asciscunt, sed cum praepositione a vel ab'. — Den bei Camer. folgenden Abschnitt de pronomine übergeht Albertus, um wie auch Mel. sogleich zur Syntaxis verborum überzugehen.

I = Mel. I Sp. 353, Camer. I S. 393.

II ist veranlasst durch die von Melanchthon und ein gehender noch von Camerarius S. 943 f. angestellte Erörterung über den Gebrauch der persönlichen Pronomina beim Verbum.

III fusst auf den bei Camerarius S. 396 folgenden Bemerkungen über die Evocatio, die bei Mel. das Ende dieses Abschnittes bildet (Sp. 356). Durch diese Anordnung stellte Camerarius eine innere Verbindung des Vorhergegangenen mit dem Abschnitt de Figuris her, die bei Alb. bloss durch die Worte 'Est et nobis Synthesis' in V angedeutet, aber durch IV unterbrochen ist. Die diesem Absatz entsprechende Thatsache geht bei Mel. und Camer. vorher unter I, Sp. 353, bez. S. 395 f.

V folgt also Camerar. in der weiteren Behandlung der figurae mit vielfach wörtlichem Anklange, wie schon bisher; doch ersetzt Alb. die profanen, öfters in Dichterstellen bestehenden Beispiele, 'durch biblische und confessionelle Sätze.

Mit VI schiebt Alb. hier das Zeugma ein, das auch bei Mel. auf die Synthesis folgt, bei Camer. aber nebst dieser und der Syllepsis schon einmal S. 364 ff. als Ausnahmen der Regel über die Congruenz behandelt ist. Entspricht in VII das erste Beispiel der Syllepsis dem letzten Melanchthons ('Remo cum fratre Quirinus iura dabant'), so geht das zweite auf den Zusatz bei Camerarius S. 399 zurück: 'et illa numerorum Syllepsis est, quando duo vel plura singularia coniuncta respondent vni verbo plurali'. Die Prolepsis (VIII) folgt auch bei Mel.-Cam. Dagegen ist die Antiptosis ausgelassen (ein Beispiel wie: 'Den liebsten bulen, den ich han, der ligt beim wirt im keller' war Alb. entweder unbekannt oder anstössig) und sogleich die Enallage unter IX angeschlossen, durch die Camer. die Stelle der bei Mel. folgenden evocatio vertreten sein lässt. Alb. findet aber nur für ihre bei Camer. S. 403 erste Art 'cum in narrando Infinitivo pro imperfecto Indicativi utimur', etwas Entsprechendes.

X entspricht der Sache nach der R. I unter 'Nominativus post verbum' bei Camerarius S. 404 f., wo der Hinweis auf den Infinitiv als Subjekt eine Ergänzung zu Melanchthons R. IV Sp. 354 bildet.

XI holt mit Camerar. (S. 407 Reg. III) die III. Reg. Melanchthons (Sp. 353) nach. In dem bei letzterem Sp. 356 folgenden Abschnitt 'De Verborum Syntaxi cum obliquis' wird zuerst der Accusativ behandelt, Camerarius und nach ihm Alb. fährt in der Reihe der Casus mit dem Genitiv fort. Nur fasst Alb. in XII zusammen, was Camer. auf mehrere Regeln (I, II, V und VII) verteilt, fügt auch noch die Verba parcendi et miserendi hinzu (letztere sind bei Camer. in VI, 'parcere' aber nur mit 'parce metu' berührt S. 438; vgl. Alb. S. 143 'parce illius' und 'illi' und dazu S. 144 'sequor tibi'). Die Verba accusandi und aestimandi (Cam. III, IV) übergehend bildet Alb. Absatz XIII aus Mel. R. III Sp. 358 ('verba in quibus est quaedam concedendi significatio dativum adsciscunt') und den bei Camerar. S. 416 f. aufgeführten einzelnen Worten. Der zweite Teil S. 144 bildet einen Übergang zum Accusativ, wie er bei Camer. nicht vorhanden ist (induo ist S. 428 und von Mel. Sp. 360 beim Ablativ erwähnt).

XIV = Mel. R. I Sp. 356, Camer. S. 421 in Verbindung mit S. 423 f.

XV vereinigt R. II bei Mel. Sp. 358 mit den unter den Impersonalia S. 369 f. = Camer. S. 464 f. besprochenen Thatsachen. Diese abweichende Anordnung sowie die Vergesellschaftung von 'miseret' mit 'admoneo' finde ich auch bei Alvarus

S. 44 f., wo auf die Ausdrücke des Anklagens usw. die Verba admonendi sowie die Impersonalia mit Genitiv folgen. Hier scheint eine andere Syntax als die Melanchthons wirksam zu sein (auch Erasmus in seinem Libellus de constructione [Liptzk 1515] Aij[b] lässt auf die Verba accusandi 'miseret' etc. folgen).

XVI mag auf dem Streben beruhen, den doppelten Accusativ auch im Deutschen zu erweisen, wenn auch die R. V bei Camerarius S. 426 Verba anderer Art umfasst und XIX nochmals den doppelten Accusativ behandelt. Wie jedoch XVII in diesen Zusammenhang kommt, ist aus Melanchthon-Camer. nicht zu ersehen. Die Nomina locorum folgen dort erst S. 437 ff.; Alb. kommt auf die motus mit XXV ff. wieder zurück. XIX ist mit Camer. S. 426 in Verbindung zu bringen, zumal dort auch auf den Ersatz des einen Accusativs durch den Ablativ mit Praeposition hingewiesen ist ('doceo te de his rebus'). Die namentlich beim Ablativ hervortretende Auffassung, die den von einer Praeposition bedingten Casus unmittelbar vom Verbum abhängen lässt, findet sich auch sonst bei den Humanisten: ein Verbum regiert einen Casus 'intercedente praepositione' oder 'propter praepositionem, quae subaudiri potest' (Crusius Puerilis in l. l. inst. IV B_3[b]). — Mit XX stört Alb. die Anordnung bei Camerar. wiederum, die Regulae temporis hat Mel. Sp. 364, Camer. S. 435, die hier von Alb. mit denselben Worten berührte ist bei beiden die zweite, vorherging nicht nur der Abl. temporis, sondern bei Camer. der Ablativ überhaupt, bei Mel. Infin., Gerund. und Supinum. S. 428 beginnt Camer. den Ablativ als den dem Passivum eigenen Casus (= Mel. Sp. 360) 'cum praepositione a vel ab'. Dem entspricht XXI, ebenso XXII der R. II bei Camerarius S. 429, XXIII unter Übergehung von R. III (Verba mercandi) der R. IV S. 432, wo freilich die Verba referendi und credendi nicht zu finden sind.

XXIV bringt die letzte Regel über die Temporalbestimmungen, die aber durch die R. I bei Camerarius S. 435 f. nicht gedeckt wird, XXV setzt die Ortsverhältnisse fort mit einer nur leisen Scheidung zwischen Länder- und Städtenamen.

Nur die Reihenfolge Motus in loco, de loco, per locum weist auf Camerar. S. 439 ff. hin.

Die zusammenfassende Behandlung der in der Etymologie zerstreut behandelten Numeralia (Camer. S. 442—446) übergeht Albertus, um sich ohne Weiteres mit XXVIII dem Infinitiv zuzuwenden und R. II bei Camer. S. 448 nachzubilden. Gerundium, Supinum und die Impersonalia vollständig übergehend, giebt er mit XXIX nur R. I S. 469 wieder.

Das über die Adverbien Gesagte deckt sich in III mit Melanchthons Satz in R. I: 'Degenerant et nomina in adverbia singulari numero, genere neutro' (Sp. 370, Camer. S. 473); II ging wohl aus R. II bei Camerarius hervor: 'adjiciuntur et adiectivis adverbia intendendi vel minuendi gratia', und IV aus Camer. R. VI.

Die erste Bemerkung über die Conjunktionen wiederholt die des Camerarius S. 478: 'coniunctio aut similes casus coniungit aut orationem novam superiori attexit', die zweite lässt durch ihren Anschluss an den Satz: 'nonnunquam omittitur coniunctio ut' (S. 480) den Gebrauch von quod im Beispiele recht ungereimt erscheinen, zumal Camerarius gleich darauf vor quod nach den Verben des Bittens warnt. (Vielleicht ging aus dem S. 480 f. gelehrten Unterschied von ut und quod die Unterscheidung von das und daß bei Alb. S. 40 hervor). Die dritte Bemerkung deutet nicht an, dass sie den Gegensatz zum lateinischen Gebrauch der Negationen bildet: bei Camerarius finde ich die Sache nicht erwähnt (desgleichen nicht bei Erasmus und Alvarus).

Bei den Praepositionen weist auch Camer. S. 483 auf die Etymologia zurück, und wie er der Erörterung der durch die Praeposition herbeigeführten Änderung der Construktion bei Compositis noch die Anastrophe folgen lässt, so auch Albertus. Die Interjektion lässt er dagegen an dieser Stelle weg, ebenso übergeht er den Abschnitt 'De Periodis'.

Die bei Camerarius noch angeschlossenen Distinctiones hatte Albertus schon im ersten Teile berührt, ebenso aus der Prosodie die Accente. Für den von dieser noch übrigen Stoff schlägt er einen von der alten Grammatik völlig abweichenden Weg ein. Dass er dabei nur von Gründen methodischer Art geleitet sein will, beweist, wie wenig er geneigt war, den von ihm erkannten Unterschieden zwischen alter und deutscher Metrik durchgreifende Geltung zu verschaffen. Auch sucht er bei der Darstellung der Rhythmi S. 151 immer nach Ähnlichkeiten mit dem Classischen, und in den Abschnitten 'De pedibus' und 'De quantitate syllabarum' lenkt er wieder ganz in das Fahrwasser Melanchthons ein. Nur stellt er dessen III. Reg. (Sp. 380, Camer. S. 507) zuerst, die I. an zweite Stelle, wobei unter einer 'brevis consonans' nur die liquida gemeint sein kann III = Mel. II, doch spricht auch Camerarius hier nicht von Elision. III soll jedenfalls Mel. VII 'De Compositis' entsprechen. Die Hervorhebung des einzigen Vocals e in V nebst VII ist der ganze Niederschlag dessen, was Mel.-Cam. 'De ultimis syllabis' sagen. Mit den Monosyllabis in VI greift Alb. in den Abschnitt 'De Tonis' (Camer. 496 ff.) zurück, mit ihnen beschäftigt sich sonst weder Mel. noch Cam. Endlich bespricht Alb. nach dem Vorbilde beider die Synaloephe ('cum vocalis in fine propter vocalem in initio dictionis sequentis dissimulatur', Sp. 389 = S. 531), während er für die übrigen Figuren nichts Entsprechendes im Deutschen fand.

Dass hier Albertus den Lehren Joh. Engerts folgte, der erst seit 1572 zu Ingolstadt wirkte, will mir nicht einleuchten trotz Borinski (Die Poetik der Renaissance S 43.). Gerade die Dürftigkeit und Unfertigkeit der Prosodie Alberts spricht gegen die Abhängigkeit von einem jedenfalls ausführlicheren Vorgänger. Warum sollte nicht Albertus, der sich in vielen Fällen selbständig genug zeigte gegenüber seinen Vorbildern und richtige Blicke in das Wesen der deutschen Sprache that, unabhängig von anderen auch auf dem Gebiete der Verslehre zu seiner noch keineswegs zur Grundlage gemachten Erkenntnis des hauptsächlichsten Unterschiedes gekommen sein? Auch in sonstigen Fällen berührt er sich mit Beobachtungen anderer, ohne dass sich Beeinflussung durch sie nachweisen liesse. So handelt er, um nur noch eins nachzutragen, in der Einleitung S. 13, IV über das Entstehen und Aussterben der Worte. Auch Sturm kam in seinen Vorlesungen hierauf zu sprechen; was aber in der

1581 zu Strassburg auf Grund dieser Vorlesungen herausgekommenen 'Linguae latinae resolvendae ratio' S. 24 sowie 43—45 darübersteht, hat nichts mit Alberts Darlegung gemein. Hingegen finden andere Gelehrte, wie z. B. Cochlaeus, namentlich auf syntaktischem Gebiete noch mancherlei mit dem Lateinischen Übereinstimmendes heraus (so fol. 95 'quid boni affers: waß bringſtu gutz'. Quantum pecuniarum acquisivisti: wie viel haſtu geltz zu wegen bracht' usw.), ohne dass Albertus Ähnliches böte.

In Äusserlichkeiten, im Gebrauch und in der Schreibung der Worte zeigt Alb. natürlich Übereinstimmung mit dem in den Druckwerken seiner Zeit Üblichen; er schreibt z. B. immer dissyllaba, vendicare usw. Diese besonders auffälligen Abweichungen vom heutigen Brauche sind hier geändert, ebenso auch die überaus zahlreichen Druckfehler verbessert. Da von des Albertus Grammatik nur ein Druck vorliegt, sind diese Änderungen nicht in Fussnoten bemerkt, sondern im Folgenden zusammengestellt. Dem Neudruck wurden die beiden auf der Kgl. öffentlichen Bibliothek zu Dresden vorhandenen Exemplare zu Grunde gelegt. Das Titelblatt ist genau nachgebildet, doch erscheinen im Original folgende Zeilen rot gedruckt: 1; 2; 4; 5; 10; 13; 16; 19.

Die in der Vorlage enthaltenen Abkürzungen, wie reipub:, lib. de gentib:, Foemini:, in comp:, (S. 90 f.), Septemb: sind aufgelöst, ebenso die wenigen Kürzungszeichen: ẽ pnũciari nõti (S. 85, Z. 16) ꝗ̃ qꝫ ꝗ ꝺꝫ ꝺ'.

Verzeichnis der Druckfehler des Originals, die im Neudruck gebessert sind:

S.	3	Z.	10	v. u.	stematis in stemmatis,
„	4	„	14		sumisque in summisque,
„	9	„	9		eas in eos,
„	9	„	12		possunt, talium in possunt. Talium,
„	9	„	13		conueniant in conueniat,
„	9	„	2	v. u.	tertijsne in tertijsue,
„	10	„	18		perpetuum in perpetuam,
„	12	„	10		accensinflatique in accensi inflatique,
„	14	„	1		aliorum in aliarum,

S. 19 Z. 9 commdam in commodam,
„ 20 „ 7 Wissenhaft in Wissenschaft,
„ 23 „ 18 hebreaeum in hebraeum,
„ 26 „ 9 volgt in volgtt,
„ 26 „ 12 v. u. constrigat in constringat,
„ 27 „ 8 sillabis in syllabis,
„ 27 „ 11 v. u. Meckerdi in Mekerchi,
„ 28 „ 5 v. u. spor in spoor,
„ 29 „ 14 pucta in puncta,
„ 31 „ 15 vberschlahen in vberschlaen,
„ 31 „ 16 ůberschlahen in ůberschlaen,
„ 31 „ 1 v. u. dissyllabum in disyllabum,
„ 32 „ 11 barbarum in barbaram,
„ 32 „ 6 v. u. geördnet, verbi trisyllabum in praeteritum est verbi,
„ 33 „ 10 v. u. zeen *puls* in brey *puls*,
„ 33 „ 6 v. u. dissillaba in disyllaba,
„ 34 „ 16 incultam in incultum,
„ 35 „ 5 impressa in impressam,
„ 35 „ 2 v. u. münsch in münch,
„ 37 „ 13 v. u. ab in ad,
„ 37 „ 10 v. u. obseruenter in obseruentur,
„ 40 „ 12 facite in facile,
„ 40 „ 5 v. u. an in ann,
„ 5 v. u. veracht in verachtt,
„ 41 „ 10 verschinen in verschinnn,
„ 44 „ 14 Dein in Denn,
„ 44 „ 13 v. u. Dissyllaba in Disyllaba,
„ 45 „ 15 emfpangen in empfangen,
„ 46 „ 8 dicenti in dicendi,
„ 47 „ 14 queras in quęras,
„ 55 „ 13 v. u. Methatesin in Metathesin,
„ 55 „ 6 XI in IX,
„ 56 „ 4 freigebib in freigebig,
„ 56 „ 8 v. u. rithinis in rithmis,
„ 57 „ 3 v. u. Bischpff in Bischoff,
„ 58 „ 7 numus in nummus,
„ 60 „ 17 v. u. capia in copia,

S. 61 Z. 9 Diminutina in Diminutiua,
„ 63 „ 14 einem in einer,
„ 65 „ 8 v. u. pene in bene,
„ 66 „ 16 iudicio in iudico,
„ 67 „ 17 v. u. excusus in excussus,
„ 68 „ 12 v. u. Babstischer in Bäbstischer,
„ 70 „ 16 in finitiuis in infinitiuis,
„ 70 „ 5 v. u. Hertzogthumk in Hertzogthumb,
„ 71 „ 13 v. u. principaster in principester,
„ 72 „ 7 de illo fallendi astutia instructus ut et praepollet in: de illo qui f. a. instr. est, ut et pr.
„ 72 „ 5 gezweeter in gezweete,
„ 73 „ 5 ein Kömling in einkömling,
„ 73 „ 20 glaubig / der Glaub *Fides*, vom wörtlein credulus in glaubig / credulus, vom wörtlein der Glaub *Fides*,
„ 74 „ 6 seliche in selile,
„ 78 „ 9 a in o,
„ 80 „ 3 den in denen,
„ 80 „ 10 v. u. foeminorum in foemininorum,
„ 82 „ 9 v. u. Hinel in Himel,
„ 82 „ 1 v. u. frens in frons,
„ 87 „ 11 solicitè in sollicitè
„ 87 „ 17 Mors, Todt in Todt / Mors,
„ 89 „ 23 *se* in *si*,
„ 89 „ 12 v. u. meinet in meiner,
„ 90 „ 15 tale in tali,
„ 95 „ 1 Sum. Indiuersis in: Sum, in diuersis,
„ 95 „ 14 v. u. vls in als,
„ 95 „ 8 v. u. summo in sumo,
„ 96 „ 8 v. u. für in fúr,
„ 97 „ 14 v. u. Persone in Personę,
„ 98 „ 16 v. u. Streit in streit,
„ 98 „ 1 v. u. obseruendae in obseruandae,
„ 99 „ 15 hettet in hette,
„ 99 „ 3 v. u. ich dencke in denckte,
„ 100 „ 8 schinde in schunde,
„ 100 „ 13 Gallicnium in Gallicinium,

S. 100	Z.	8	v. u.	beug in boug,
„ 101	„	4	v. u.	Murmur in Murmuro,
„ 101	„	2	v. u.	amittereo in amitto, tero,
„ 102	„	14		gethun in gethaen,
„ 102	„	15		Peregrina in Peregrinam,
„ 102	„	10	v. u.	*obstenudaui* in *ostentaui.*
„ 103	„	1		gelungen in geglungen,
„ 105	„	2	v. u.	Dietwel in Dietweil,
„ 108	„	8	v. u.	praepositio in praeposito,
„ 110	„	14	v. u.	habitum iri in habiturum esse,
„ 110	„	8	v. u.	dissyllabum in disyllabum,
„ 112	„	2	v. u.	oder wirst in oder wilst,
„ 113	„	15	v. u.	solen in sollen,
„ 113	„	10	v. u.	*vom* in *von.*
„ 114	„	9	v. u.	sein in sein werden,
„ 114	„	5	v. u.	werden in sein werden,
„ 116	„	11		*uumeri* in *numeri,*
„ 117	„	10	v. u.	werden in weren,
„ 118	„	5		würd in wurd,
„ 118	„	12		So ich werd in ich werd,
„ 119	„	15	v. u.	werdent in werden,
				habendum in habendum esse,
„ 119	„	9	v. u.	affinguntur in affiguntur,
„ 120	„	7		Septem in septem,
„ 120	„	12		laufent in laufend,
„ 120	„	18 u. 24		werden in werdend,
„ 122	„	16	v. u.	mulibres in muliebres,
„ 122	„	4	v. u.	perdonum in praedonum,
„ 123	„	7	v. u.	ailquam in aliquam,
„ 124	„	5		vendicant in vindicant,
„ 124	„	17	v. u.	aurige-equas in aurigae equos,
„ 124	„	15	v. u.	dauhin kam in dahin kom,
„ 126	„	9	v. u.	zu ein in zum ein,
„ 128	„	18		nimium in minimum,
„ 128	„	10	v. u.	meh in mehr,
„ 128	„	1	v. u.	pededentim in pedetentim,
„ 129	„	1		heimlch in heimlich,
„ 129	„	18		sigillatim in singillatim,

S. 130 Z. 9 Euentu in Euentum,
" 130 " 13 Vergleichen in Vergleichende,
" 130 " 20 verenderung in verwunderung,
" 130 " 23 commiratione in comminatione,
" 131 " 17 v. u. propositiones in praepositiones,
" 133 " 11 v. u. Syraeresin in Synaeresin,
" 133 " 5 v. u. Coniuctio in Coniunctio,
" 134 " 10 Conferentes; ac in Conferentes: als ac,
" 134 " 13 Disiunctiua et sublatuia in Disiunctiuae et sublatiuae,
" 135 " 4 so in so,
" 137 " 11 v. u. haebraeorum in hebraeorum,
" 138 " 2 v. u. Vespesianus in Vespasianus,
" 140 " 15 v. u. Nominatiuum in Nominatiuus,
" 140 " 10 v. u. uobis in nobis,
" 141 " 2 dementia in clementiae,
" 141 " 12 v. u. quaeque in quoque.
" 143 " 9 v. u. *ιω λά γχνα* in *σπλάγχνα*,
" 144 " 18 accusotiuos in accusatiuos,
" 144 " 7 mehr in nehr,
" 145 " 12 glaubige in glaubiger,
" 147 " 11 Craconiaę in Cracouiae,
" 147 " 10 v. u. gebir in gebirg,
" 148 " 13 v. u. *enim* in *eum*,
" 149 " 11 v. u. super te in superior te sum,
" 150 " 1 v. u. dissyllabos in disyllabos,
" 151 " 5 quadrisyllabas in quadrisyllabos,
" 151 " 13 Hebta syllabicos in Heptasyllabicos,
" 151 " 7 v. u. ennea syllabi in enneasyllabi, superflua in superfluam,
" 152 " 6 v. u. nicht in nit,
" 152 " 3 v. u. vsitationum in vsitatiorum,
" 152 " 2 v. u. dissyllabis in disyllabis,
" 154 " 11 gschriben in gschribn,
" 154 " 21 pflegen in pflegn,
" 154 " 22 glegen in glegn,
" 155 " 13 mögen in mögn,
" 155 " 14 hingegen in hingegn,

S. 156 Z. 2 rhytmi in rythmi,
„ 156 „ 4 v. u. incipi in incipiat,
„ 156 „ 2 v. u. Vocales in Vocalis,
„ 156 „ 1 v. u. aut in autem,
„ 157 „ 5 v. u. nach in noch.

Noch zu ändern ist gegenüber dem Original
S. 74 Z. 3 ette et etto in ello et ette,
„ 87 „ 13 v. u. accurrent in occurrent,
„ 92 „ 16 v. u. agi in agere,
„ 112 „ 10 v. u. wárst (Original wirst) in wár,
„ 154 „ 5 vsitatissimè in vsitatissimi.

Zu berichtigen bitte ich
S. 110 Z. 6 I_7^b in I_8^b.

Für die freundliche und sorgfältige Unterstützung bei der Correktur bin ich Herrn Dr. John Meier zu aufrichtigem Dank verpflichtet.

Dresden-A., Anfang 1895. Dr. Carl Müller.

Teutsch Grammatick oder Sprach-Kunst.

CERTISSIMA RATIO
discendæ, augendæ, ornandæ,
propagandæ, conseruandæq́ꝫ
linguæ Alemanorum
siue Germano-
rum,

GRAMMATICIS REGVLIS ET
exemplis comprehensa & con-
scripta: per

LAVRENTIVM ALBERTVM
Ostrofrancum.

Cum gratia & priuilegio Imperiali.

AVGVSTAE VINDELI-
corum excudebat Mi-
chaël Manger.

M. D. LXXIII.

REVEREN-
DO ET MAGNIFICO

VIRO, DOMINO IOANNI AEGOLFO

à Knóringen, Protonotario apoſtolico, Cathedralium eccleſiarum VVürtzburgenſis Canonico et Auguſtanae cuſtodi, Baioariae ducis Illuſtrißimi conſiliario, Domino et fautori ſuo, ſicut propemodum unico, ita ut plurimum colendo.

REVERENDE NObilis & magnificè vir, religionis acerrime defensor & promotor, liberalissimeque bonorum ingeniorum omnium fautor, tot tantisque nominibus iampridem obstrictus tibi nunc scribo, ut meam obedientiam gratitudinem ac pietatem debitam, memoria repetita declarem: Conscius autem mihi sum infirmitatis meae, quae pudore quodam hactenus me à dedicatorio hoc genere detinuit, quo minus scriberem. Audacis namque hominis erat, tibi perspica[)(2b]cissimo viro et rectissimo iudicio praedito scripta dedicare et offerre: diuitis etiam et exercitatissimi ingenij esse semper existimaui de tuis quibus prę̨stas virtutibus copiosè scribere, aut eiusmodi genere dictionis tecum agere, quod te dignum esset, qui ipse illuminate et amplè loqueris. Multorum enim testimonio, clarissimorumque virorum iudicio comprobatum est, quod cum prudentia, acumine, venustate et subtilitate, tum verò eloquentię varietate et copia, quam te cunque in partem dederis, facilè laudatissimus emerseris, et exercitatissimus habearis. Hanc tuam gloriam et testimonium non modo de plebe orti, verum quoque potentissimi aliquot principes multis modis anteponunt, eoque te commendatiorem habent, et crebrioribus suis scriptis, in quibus vtilibus et magnis de rebus agunt, saepius te occupant consulunt, et iudicij tui dexteritatem exposcunt, quae res non parum, ut dixi, me à libris tibi dedicandis, hactenus impediuit. Quod verò nunc scribam, non modo gratitudinis pietas me commonuit (vtinam illam Deus facultatem largiretur, [ )(3] ut me non verbis tantum, sed re ipsa gratum exhiberi possem) alia autem euidentissima causa fuit, quare hoc scriptum tibi, à quo maximam eius partem habeo, referrem, et tanquam proprium restituerem: In tanto namque omnium linguarum ac disciplinarum cultu et incremento apud Germanos, quaerunt exteri, vtrum nos et quibusnam in locis linguam nostratem excolamus, an verò ea situ et puluere obsita, spreta, et inculta prorsus delitescat? Hic respondendum: quod apud doctos literatosque viros, et in summorum excellentissimorumque hominum aulis atque familijs, summa cura diligentia et industria linguae nostrae excolendae adhibeatur, quorum in archiuis, tablinis, et Cancellarijs (ut vocant) actuosa, luminosa et grauissima verba inuenire, aut à veteribus inuenta et composita eruere, atque collocare, et rebus commodè applicare studiosissimè annituntur.

Atque in hoc studio, efferant alij alios, quoscunque velint, de te autem hic testari iure cogor, quod praeter multa à Deo dona tibi collata, linguae nostrae antiquae et auitae multum splendoris, et ornamen[3b]ti addas, eamque ob causam, multus inter nos de tè est sermo, penitusque infixa et indelebilis memoria, dignam namque virtutem esse omnes homines norunt, ut à familiaribus et amicis praedicetur, et per eos externis ignotisque multis cum admiratione quadam nota fiat.

Linguarum vero et artium studia eò commendatiora sunt, quo illustriores natalis et diuitiarum copiae accedunt, et quo amicorum numerus auctior est: Sic tu qui natus es ex nobili et antiquissima familia Gnoringiorum (quae ni fallor graecam prae se fert etymologiam, γνωρίζειν enim cognoscere significat, hinc γνώρισμα signum, decus, indicium, ornamentum, Im Teutschen ein Ehrnam / warzeichen / Schilt vnd Wappen, tuum autem gnorisma est annulus albus insertus scuto ex quo reluceat denigrato, et cum omnibus temporibus, annuli in signum fidelitatis dati fuerint, sic annulus ille in insignibus familiae tuae, impositus puluinari supra coronatam galeam conspicitur, quo significatur maioribus tuis semper fuisse fidem tuto commissam, et fidelitatem rerum gerendarum commodissimè [ )(4] in ea quieuisse) dico autem quod: longam heroum seriem stemmatis tui numerare potes, qui ob virtutes et praeclare merita sua, sedes à principibus vicinis partim iure feudali acceptas, partim proprias et immunes, iam multos per annos possederunt in ea Sueuiae parte, quae Rhetiae primae extremus tractus est, versus septentrionem, qua adhaeret Franciae Germanae seu Orientali, quia et nunc, atque etiam olim multis principibus et vicinis statibus magno saepissimè auxilio cum domi in consilijs, tum militiae in armis fuerunt.

Varij quidem hodiè sunt, nobilium ordines. multaque stemmata equestrium recensentur, inter quos aliqui titulis suis indignè vtuntur, nec vocationi satisfaciunt, namque

Hic satur irriguo mauult turgescere somno
Hic campo indulget, hunc alea decoquit, ille
In Venerem putris, &c.

In tua verò familia pars maxima id praestiterunt, quo (etsi nobiliter non fuissent nati) insignia nobilitatis noua acquirere potuissent, ut qui non solum ad Marschalcorum praefectorumque officia, [4^b] per principum aulas atque territoria promoti adhibitique sunt, sed etiam ipsis Romani Imperij dynastis fidelissime commendati, summisque honoribus affecti, et (quod cum in alijs, tum in ipso parente tuo laudandum, perpetuaeque memoriae tradendum est) equitum auratorum dignitate, armis et priuilegijs donati sunt.

Horum tu, ut non solum dicam, qua patria ortus, sed quibus etiam parentibus dignus sis, vestigia sequeris, et animi corporisque dona exprimis, siquidem in generosis illis prosapijs perpetuo quodam sanguinis et innati impetus, vigore virtus virescit et propagatur.

Iam vero mediocres diuitiae ex splendido patrimonio acceptae, tuum nostratis linguae studium, non minus, atque egregia familia, ornat, quid enim sordiciei cum splendido sublatoque sermone? Magniloquentia diuites et munificos decet. Qua in re multas adeò excellis, ut non saltem pauperes liberalissimè iuues, quorum iam magna copia de te testatur, ipsaque veritas loquitur, quod absque tuis subsidijs, quibus largè illis subuenisti, suum vitae genus et totam rem domesti[ ](5]cam cum ignominia abdicare, deque fortunae successu desperare coacti fuissent, adeo largitas tua, et liberalissima benignitas, honestis, multis praesidio fuit: quamobrem merito de te dici potest, ut est in prouerbio:

commune bonum est homo foelix: Verum ultra hanc tuam munificentie laudem, alternis muneribus etiam certas, cum amplissimis locupletissimisque viris.

Praeterea conuersatio et locus, in quo nunc plerumque moraris, magnam tibi subdit ornandae linguae occasionem, etsi enim pars sis reipublicae nostrae, veruntamen sedem tibi Augustam ad Licum in tota Germania celeberrimam elegisti, quae summis imperij Romani membris, commodissima domus senatoria est, aedificijs magnificentissima, mercimonijs ditissima, pacis et tranquillitatis studiosissima, ambitu amplissima, cultis moribus personarumque staturis, et decenti habitu supra modum conspicua et ornata.

Cum praecipuis politiae illius viris tu saepe consultas maximis de rebus non praeteritis modo, sed etiam futuris quia [5b] minoris non aestimas qualis respublica aliquando futura sit, quam quae sit hodiè.

Nec te propter causas tantum, quas nunc recensui, istic contines, in vicinia namque adhuc fratres, totiusque familiae prosapiam habes quas tu tranquillis et commotis temporibus, ope atque consilio, illi vero te si necessitas exigeret, promptissimo praesidio, in summis (quae Deus auertat) periculis defendere, indeque eximere possunt.

Adhaec inter Germaniae proceres talem principem vicinum habes, qualis vix alibi in defendenda et propaganda catholica religione constantior, et conseruandae tranquillitatis amantior reperitur, cuius tu et consiliarium intimum agis, et tum ipsi, tum toti eius illustrissimae domui, propter rerum gerendarum prudentiam, verborumque elegantiam familiarissimus es, et ob morum grauitatem commendatissimus haberis, hinc incredibilis clementia eius principis in te, atque etiam tua in ipsum fides enata est. Cuius authoritas facit, ut optimorum quorum-[6]

libet hominum concursus ad te sit, qui tecum utilibus de rebus agunt, hos tu placidè audis, et grauiter rursus edisseris, quae reipublicae salutaria esse videntur, quo fit ut numerus in dies crescat eorum, qui tua familiaritate delectantur et fruuntur.

Caeterum tua in bonas literas studia testantur etiam, quantam perpoliendis linguis adhibeas operam, instructissimam enim variarum linguarum, diuersarumque facultatum comparasti bibliothecam, et in eam contulisti antiquos codices, picturas, volumina maioribus nostris vsitata, descriptiones geometricas, et quicquid ad rem literariam, absolutamque Cyclopaediam pertinet.

Ingenti etiam sumptu, ornatus, varietatis, et rerum cognitionis causa, quasi παρέργως his addis et coëmis antiqua numismata, pisces, conchas marinas, et earum exuuias, cornua, sculpturas, varias gemmarum species, fossilia, exoticas res natas et fictas, quarum non tantum Moscouitis et Turcis, sed apud extremos Indos etiam vsus est, ut sunt cochlearia, cultri, vmbraculae, pilei, thoraces, arma, [6b] tela, Romanorum etiam antiquae Sicae, pugiones, Sarcophagi et vrnae, quibus condebantur cineres, et huius generis multa alia. Item Graecorum et Romanorum varia pondera et mensurae, quas à Glareano, cum tota illius bibliotheca accepisti, qui diligentiſsimus harum rerum mensor erat.

Atque his omnibus extruxisti iam apud Ingolstadianos splendidissimam aulam, quâ si libros traduxeris, velut proposuisti, maximum scholae illius ornamentum eris, quo solo nomine, etsi centum alij modi, quibus de republica optimè mereris non essent, viuacissimam et in omnia secula duraturam famam et nomen comparabis.

Quae res tanto verior est, quanto plures etiamnum ad te confugiunt, tibi scripta dedicant, teque commununem literarum patronum, et alterum Mecaenatem agnoscunt. Atque haec itemque alia plurima de te amplissimè referri possent, si quis publicè vellet virtutes tuas praedicare. Qui enim familiares tibi sunt, perspicient satis, quod multa praeterierim, quae meritò de te gloriosè narranda fuissent: [7] Sed panegyricum hoc loco sermonem non institui, breuiter duntaxat demonstrare visum est, qualis tu et fortè alij Germanię proceres essent, qui nostratem linguam et mores, atque simul omnes bonas disciplinas, et virtutes excolerent et ornarent: Quod si exteri, haec de te intelligent, quid cogitabunt, in ipsis principum Germaniae aulis fiet, qui illustribus suis natalibus potentiam cultissimorumque hominum copiam coniunctam habent.

Itaque lingua nostra huiusmodi viris curae est, qui cum ipsi mundè ornatè splendidèque viuant, indignè ferunt, linguae sordes et squallorem.

Etsi autem ex tua commendatione optimatum aliquot familiaribus colloquijs vsus fuerim, atque etiamnunc Reuerendissimi et amplissimi in Christo patris ac domini, domini Friderici, Francorum apud VVurtzburgenses praesulis et Ducis dignissimi, domini mei clementissimi familiaritate et clementia fruar, ciuis eius sim, et sumptibus illius partim viuam, ex quo etiam indies alias ex alijs natas phrases et elegantias audiui et obseruaui: Quia tamen multis modis fami[7^b]liariter tecum conuersatus sum (ut soles esse comis in aequales, obsequens erga amicos, et in inferiores mitis) ita quoque confidentius inuicem seruimus colloquia. Dicam ergo quae verè sentio, eademque multi egregij viri conuersatione tua freti attestantur. Quod si tibi sermo sit nonnunquam etiam grauibus de rebus, non cogites de dicendi genere, habes enim rem in promptu de qua dicas, auribus dignam eruditis, nec sollicitus sis, quibus verbis quicque dicas, an quomodo. Sermo autem tuus etsi sit grauis, et magnificus, veruntamen non est elatis verbis intensus, non enim superfluum quicquam spirat, nec ieiunus est, sed actuosus efficax, et sententijs acutus et stipatus, impellens et trahens quocunque velis. Accedunt etiam mores, qui summum orationi tuae afferunt ornatum, nihil à te ieiunè, sed omnia solidè tractantur, copiosè commemorantur, amplè dicuntur, cum nitore et ornatu explicantur.

In tuis familiaribus colloquijs, de pietate, de charitate vtilitateque patriae, de nouis prosperis aut infoelicibus rebus, quarum has praeuenis et pro viribus auertis, [8] illas amplificas et promoues, de virtutibus, de pauperibus iuuandis, denique de quouis officio boni viri sermo perpetuus est, nec vnquam ridiculum aliquid vel improbum auditur. Hinc tua illa humanitas, vel potius summa sapientia, praesentibus et qui coram tecum loquuntur iucunda est et suauis, absentibus vero admirabilis excellens et praestans semper visa fuit.

In vocabulis etiam linguae vernaculae inueniendis apteque collocandis, et phrasibus componendis, summam saepè in te deprehendi solertiam et innatam quandam vim, ut in me quoque diligentiam aliquam exuscitaueris, qua et linguam nostram penitius considerarem, et culturae illius impensior quodammodo fierem. Quare tu mihi cum alijs quibusdam, quorum orationis nitor et elegantia nonnulla est, princeps et autor huius grammatici instituti fuisti, sine quo ceu fundamento, quicquid colorum et elegantiarum superextructum fuerit, corruet.

Ad te igitur vir reuerende et ornatissime hoc quicquid est operis affero, et ceu mancipium trado, simul rogans, ut [8b] non ingenium respicias, aut eloquentiam expectes à qua profecto longè absum, quia haec praecepta, saltem sunt rudimenta et initia eloquentiae, quae tibi propterea dedico, ut intelligas à quibus hoc genus scribendi acceperim, et ut erga vernaculum sermonem, meum consilium et industriam commendatam habeas atque hunc laborem, non modo iudices ac defendas, verum quoque exteris multis, quibus es notissimus et familiarissimus commendes.

Quod si inter Germanos extiterint reprehensores ut in omnibus vitae generibus sunt, qui hoc studium contemnent, illos sine ulla contumelia dimittamus, maneant et sint ipsi, quoniam sibi ita videntur et docti et eloquentes viri: tantummodo eos admoneamus, ne citius carpant quam corrigant, neuè illa contemnant, quae vsui suo adhibere non possunt. Talium enim iudicium non respicimus, si modo labor alijs vtiliter conueniat.

Sunt autem haec praecepta adhuc rara et ieiuna, nec diligenter vel conquisitè satis elucubrata, quia nondum perspexi [a] omnia quae huc pertinebant, complexus tamen sum, nonnulla quae videbantur principijs necessaria, vsus verò plura docebit.

Etsi porrò studia magis conspicua erant colenda, ex quibus maior gloria, atque vtilitas reipublicae nasceretur (sicuts emper eum obtinui animum, qui nihil acerbum nihilque durum existimet, quod honestum sit, et commodum publicum promoueat, priuatae enim cupiditates, spem publicae vtilitatis et consilij plerumque excludunt) veruntamen non omnino inutilis est hic labor, ut postea ostendam. Et par profecto est, omnes omnia experiri, qui res magnas et magnopere expetendas cupiunt et ingenij donis emergere student. Ad hoc itaque studium descendi à serioribus studijs ad tempus abstinens, ut bonas literas pro viribus iuuarem, et quas vnquam possem nostrati linguae suppetias ferrem. Quod si aut natura, aut ui ingenij fortè defecero, aut minus huic rei aptus instructusue ero, suscepti laboris nouitas me excusabit. Tenebo tamen eum cursum quem [a[b]] potero, prima enim (ut Cicero inquit) sequentem, honestum est in secundis tertijsue consistere, et poëta ait:

Est aliquid prodire tenus si non datur ultra.

Nihil primò et perfectè simul traditum est, principia omnium rerum difficilia sunt et rudia, his itaque addant haec exornent et augeant alij quantum velint, per me stet illis, et liberum erit.

Existimo autem quod in medium proiecerim pomum non quidem vanae contentionis, sed honestarum concertationum, de multis vocum originibus, significationibus, compositionibus, et alijs id genus locis grammaticis.

Iam vero me simul atque studia mea tibi offero et commendo, in quibus ornandis te rogari nullo modo pateris, sed vltrò id praestas, quod saepe promittis, et quod veros studiorum Mecoenates decet. Iamque amplius mi patrone, ex multis tuis praeclarissimis muneribus, magnoque erga me studio, nullum maius expecto, nisi commendationem, coram praecipuis quibuslibet viris et perpetuam tuam er[a_2]ga me affectionem, atque amorem, quem enim tu amas, illi multum gratiae apud alios adijcere potes. Vale VVurtzburgi, 20. Septembri anno 72.

T. R. D.

deditus

Laurentius
Albertus.

[a_2^b]

V T I L I T A S

ET FINIS HVIVS

Instituti.

I.

PRimum, non est dubium, quin vicini populi, quales sunt Poloni, Boëmi, Vngari, Itali, Galli, Angli, Scoti, Dani, et alij linguae nostratis cognitione indigeant, cum propter negotiationes et permutationes rerum venalium, quas vel afferunt ad nos, vel inde coëmunt, et auferunt à nobis, tum ob res varias et graues, in Germania hactenus praeclarè partim, partim verò pernitiosè gestas, nostroque idiomate conscriptas, quamobrem ad nos vel oblegant ministros et natos suos, vel hisce interpretes praeficiunt Germanos, à quibus linguam Alemannicam imbibant.

II.

Deinde non inficias eo, quin purè, tersè et illuminatè plerique in Germania germanicè loquantur, sed sine primis grammaticae fundamentis. Subtiles sunt [a_3] quidam in oratione, in arte vero ieiuni, quapropter contingit saepissimè, ut qui subtiliter sine arte loquantur, quasi contra legem artis committant, hinc ea circumueniendi occasio, qua tot homines sese cauillis agitandos praebent. Multi constringunt orationem sine ratione, alij in infinitum amplificant, et dilatant eam sine terminis et metis.

Multi superfluas et pugnantes synonymias connectunt, sunt item alij qui ita perplexè loquuntur, ut ipsimet suorum dictorum rationem, et cohaerentiae causas nunquam reddere queant. Nimis alij curiosè elaborant suas sibique consuetas dictiones, aliqui in componendis vocabulis foelices essent, nisi manuductore carerent, et quod solidè quidam breuibus verbis enunciant, hoc alij copiosissimis verbis supra modum ieiunè efferunt. Sunt homines interdum calidioris naturae, et accensi inflatique temperamenti, qui alte et sublatè loqui student, sine subiectis linguae basibus, similes ijs, qui tecta aëri appendunt absque suppositis columnis. Audiuntur nonnunquam variae artis Rhetoricae elegan[a_3^b]tiae, verum intempestiuae nec satis commodo loco positae. Intricati obscuri et breues sunt nonnulli in verbis, quae si alicui expeditiori dicenda essent, explanatius et vberius, et ad commune iudicium, popularemque intelligentiam accommodatius efferrentur. Haec itaque nec deprehendi nec corrigi possunt, sine veris grammaticae principijs.

III.

Et cum non tantum vetustissimae vtiles linguae, qualis est, Hebraea, Syra, Chaldaea, Graeca, Latina, Heneta et aliae regulis comprehensae sint, sed his quoque seculis, linguae quae ex corruptione originis suae natae sunt, nempè Italica, Hispanica, Gallica, Anglica et similes grammaticis praeceptiunculis doceri coeperint: non merito itaque nobis, externi omnes obijciunt, contemptum et negligentiam in inquirendis linguae nostrae principijs. Ascribunt illi quidem hoc barbariei ipsius linguae, sed malè et contumeliosè in tam facilem et antiquissimam linguam committunt, cum sub sole (Hebraea excepta) vix breuior succin[a_4]ctior et facilior lingua sit, quae αὐτοφυὴς est, ex se nempe nata et per se ipsam constans, et quae certis terminis, atque septis ita comprehendi, doceri discique potest, ut vix dum vlla alia. Id quod grammaticis institutionibus primum, deinde auctioribus praeceptis, et copioso demum vocabulario ostendendum erit.

IIII.

Nec miror crebram apud Germanos vocabulorum mutationem: Noua indies nascuntur, vetera antiquantur et intereunt, actuosa et significatiua saepissimè obliterantur, ieiuna vero et frigida emergunt et loco ipsorum reponuntur. Est praeterea dialectorum multiuaria detorsio et dissipatio, quantam vix vlla lingua perpessa est. At illa vocum mutatio et instabilitas non contigisset, si in tempore conscripta fuissent grammaticae praecepta. Nec in tam diuersam linguae patrię pronunciationem, et vsum dilapsi fuissent, plerique Germaniae populi, si quis eos maturè, intra certos pronunciandi terminos, et vtendi metas continuisset, nec in hanc disparitatem, quae penè irre[a_4^b]conciliabilis est, distrahi eos, passus fuisset.

V.

Hinc profecto lamentabilis et deplorandus apud Germanos contigit auitae patriaeque linguae abusus: Postquam enim tot idiomata inter nos inualescerent, eaque non satis omnibus rebus accomodari possent, euenit ut duplici damno Germania inde afficeretur, prius quidem respicit varias variarum proprietatum cauillationes, in quibus mirum in modum Germani semetipsos intercipiunt, diuexant et eludunt: facilè enim id quod Saxones syncerè pronunciant, à superioribus Alemannis in detrectationem, et sinistram interpretationem rapitur, idemque inter alios aliarum dialectorum Germanos fit. Deinde contra veterum morem, et praescripta conciliorum statuta, quibus praecipitur, ut diuina oracula, in nulla alia lingua nisi Latina tractentur peraganturque, inualuit praesumptuosa quaedam libido, ut omnes populi quantumuis Barbaris barbariores, sacras literas, earumque interpretationes, suis dia[a5]lectis et proprietatibus legere, penitus perscrutari, tractare, et enarrare ausi sint, hinc tanta sacrae scripturae obscuratio et contumelia in verbum Dei oritur, ut verbis à nullo satis efferri possit. Quid enim balbi illi Barbari tractarent scripturas, qui ne semetipsos intelligunt, etiamsi de quotidianis loquantur rebus? qui nos puriores Germanos, de natura et proprietate nostrae linguae instruere audent, cum ipsi à vero eius vsu et pronunciatione remotissimè absint? In quorum biblijs alijs sacris libris, tanta reperitur confusio materiarum, et obscuratio stili, ut biblia in tot dialectos nunc versa, si conferantur, sibi nullo modo constent nec conueniant. In quibus quod ridiculum valde est. Christum nonnunquam tutissant, interdum vero vossissant, adeo incerti sunt multi Germaniae populi, de vi deque natura et vera significatione vocabulorum, quibus iuuandis nil magis opus esset, quam vera linguae nostrae, à prima origine deductio, Inde enim intelligentia sacrarum literarum in idiomata nostra versarum magis elucesceret, et [a5b] plurimae inter doctos λογομαχίαι tollerentur. Multi enim hactenus de vocabulis leib, kirch, gemeinschafft, ist, et similibus frustra et inuanum certarunt, cum vel haec puerilia nescirent, cuius nempe orationis partis, generis, speciei, declinationisue quodlibet horum esset.

VI.

Postea non nego, quod eleganter, sublate, et amplissime multi loquantur, sed tamen non prorsus

Germanissimè. Quod enim Latini saepè faciunt, qui Graeca pleraque suo immiscent idiomati, hoc idem Germanis contingit, qui adeo non excolunt aut absoluunt suam linguam, ut cum in quotidianis tum grauibus rebus à Graecis, Latinis, Gallicis, et pluribus alijs linguis abstinere nullo modo possint. Quomodo autem linguam suam, omni parte absolutam redderent sine principijs grammaticis?

VII.

Fore itaque Germanis laborem hunc acceptum, duplicem ob causam spero. Primum enim pueri in scholis ex cognatione linguarum Germanicae, Latinae, [a_6] Graecae, et Hebraeae quae omnes sub easdem regulas fermè cadunt, peregrinas illas facilius addiscent, regularumque mentem ex nostratibus exemplis citius assequentur. Deinde sicut ridiculum valde est peregrinis et exoticis linguis summam curam et diligentiam impendere, nostram vero interim neglectam spretam, incultamque relinquere, ita quoque multi hactenus, dum Latini Graeciue esse studebant, et in Germania nati germani non essent, à summis dignitatibus, et pręclaris in republica functionibus abstinere coacti sunt, cum Germanis enim germanicè agendum est: Experientia uerò testatur, ut quo quis Latinè Graecè, Hebraiceue doctior est, eo peius germanicè loquatur. Sed qua ratione demum iuuentus nostra, disceret maternae linguae verum vsum pronunciationem, proprietatem et copiam, cum hactenus nulla eius extiterint fundamenta?

VIII.

Hos itaque et alios plerosque fines quos hic praeterimus, si quis intuebatur, procul dubio laborem nostrum probabit, augebit et iuuabit.

[a_6^b] Superesset nunc, ut de origine, quae ob vetustatem penè adoranda est, deque incremento et amplitudine nostratis linguae aliqua commemorarem: verum hic in parergis supersedebimus, eaque in posteriores differemus editiones, atque ἔϱγον ipsum aspirante DEO post subiectos extemporaneos versus aggrediemur.

[a7]

ΣΧΕΔΙΑ-
ΣΜΑ AVTHORIS AD
lectores beneuolos.

SI cupiant extri Germanam diſcere linguam,
Teutoniceque uelint reddere uerba ſono:
Si pueri et iuuenes Germana ab origine nati
Atque illi pectus qui puerile docent,
In noſtram ſtudeant peregrinas uertere linguas,
Quaelibet et ſenſu uerba notare ſuo,
Si Germane tuam cupias per ſecula linguam
Seruare et uerbis amplificare nouis,
Si ueneranda tibi monumenta antiqua uidentur,
Si ueterem linguam, uerbaque priſca colas,
Si Germanorum res omni tempore geſtae
Cum noſtra uiuant poſteritate diu,
Si purè et prorsus patrio ſermone loquaris,
Nec peregrina tuis addita uerba ſonent,
Si dialectorum diſcrimina plurima noſcas,
Quaenam uerba tibi ſint imitanda magis,
Si cupias uerè diuini dogmata uerbi
Illius et ſenſus interiora ſequi,
[a7b] *Verbaque ſi ſtudeas noua fingere, ficta locare,*
Et cum cognatis ponere quaeque ſuis,
Si quas nunc patitur rixas eccleſia mater
Inter Germanos conciliare ſtudes,
Si noſtram ſupra reliquas extollere linguas,
Et decorare cupis laudis honore ſuo:
Aut hunc aut ſimiles antè omnia perlege libros
Intima ſic tandem diſcere cuncta potes.

FINIS.

[A]

DE GRAMMATICA.

Grammaticam esse constat, certam quandam loquendi et scribendi rationem: Dann sie ist ein solche Kunst/ die ohne mangel / fehl vnd jrthumb / nach jrer art vnd fürgeschribnem brauch reden / vnd die wörter mit jren gebürlichen bůchstaben völligklich schreiben leret.

Quae cum Germanica dictione vix reddi aut exponi possit, igitur ad significantem et commodam aliquam compositionem, vel qualemcunque descriptionem recurrendum. Quarum non paucas hic recensebo, ut cernere liceat, nostram linguam non minus copiosam et in compositionibus felicem esse, quam Graeca nedum Latina, et ut quilibet suo ingenio, aptam, vocabuli, Grammatices, interpretationem inde sibi eligat, aut aliam et fortè probabiliorem post haec initia nostra excogitet. Sicut dubium non est, fore multos ingeniosos et exercitatos viros, qui vbique penitius cogitationes suas huic negotio infigent.

[A^b] Primum ponemus adiectiuum et substantivum, der Teutschen sprach, uel sine articulo teutscher sprach. His addemus descriptiones substantiuas, primitiuas, deriuatiuas et verbales, als:

Teutscher sprach	Art.	Kunst.
	Zwang.	Gezeug.
	Brunquell.	Ankunfft.
	Anfang.	Eygenschafft.
	Vrkund.	Erkundigung.
	Lernung.	Beschreibung.
	Wissenschafft.	Erfindung.
	Wachsung.	Zůnemung.
	Erbawung.	Erweiterung.
	Erhebung.	Versuchung.
	Werckstad/	Dahrgeben.

Vel hoc modo:

Teutscher wort/ red oder zungen.	Kunst.
	Art.
	Maaß.
	Weis.
	Buch.
	Vrsprung.
	Frucht / ꝛc.

Vel interpositis descriptionibus, inter duo substantiua genitiui casus.

[A$_2$]

Red	Geschick	Grund	der Teutschen.
	Art	Grundfest.	
	Maaß	Pfülment	
	Kunst	Künstige leer	
	Weiß	Messige leer	
	Bůch	Künstlerin	
	Leer	Kündigung	
	Form	Baw / ꝛc.	
	Gestalt		

Aut componemus duo substantiua quorum prius genitiui casus est (nempe vocula Sprach tertiae declinationis) posterius vero nominatiui est.

Sprach	Leer	Brauch.
	Maaß	Brunn.
	Weg	Fundt.
	Weiß	Wachsung.
	Art	richtigung.
	Bůch	Macherin.
	Regeln	Leererin.
	Zaiger	Messige kunst.
	Weyser / ꝛc.	

Aut per coniunctionem adiectiuorum et substantiuorum.

Teutsche	Redung. Redenheit. Sprach. Vrkundt / ꝛc.

[A$_2$^{b}] Siue hac ratione.

Wort oder wörter	Leerer. Leer. Kunst. Buch. Machung. Haffte leer Satz Füg.	Teutscher sprach.

Seu per compositionem duorum adiectiuorum.

Teutsch	Gefaßte Beschribene Regulirte Geleerte Dargethane Erwögene ꝛc.	sprach.

Aut fortè per nominatiuum, qui praecedit gerundium zureden.

Teutsch	Kunst. Leer. Art. Weiß. Weg.	Regell. Büch. Maaß. Vrkund.	zureden.

Vel si totam Grammaticae materiam comprehendere libet, ita fortè officia eius enumeranda sunt:

[A$_3$] Die Grammatick leeret jhre punct / büchstaben / sylben / oder samlungen / wort / vnd außsprechung derselben inn Teutscher sprach.

Haec de germanica artis Grammaticae definitione, bono animo bonis viris, non praescribere, sed praeludere libuit, ut linguae nostrae abundantia et mira compositionis variatio significaretur.

Partes grammaticae, velut in omnibus linguis, ita etiam in nostra quatuor sunt: Orthographia, Prosodia, Etymologia et Syntaxis.

ORTHOGRAPHIA literarum rationem continet: quarum viginti quatuor sunt.

$[A_3^b]$

Maiusculae uel uniuersales: Versalen.	*Minusculae et usitate* gmeine schlechte.	*Dupplicatae* Doppelt.	*Valor* krafft vnd wirckung.	*Pronunciatio* jr außsprach.
A	a	aa	a	ab
B	b		b	be
C	c		c	ce
D	dd	dd	d	de
E	e	ee	e	e
F	ff	ff	f	ef
G	g		g	ge
H	h		h	ha
J	i		i	i
K	k		k	ka
L	l	ll	l	el
M	m	mm	m	em
N	n	nn	n	en
O	o	oo	o	o
P	p	pp	p	pe
Q	q		q	qu
R	r ꝛ	rr	r	er
S	ſ s	ſſ	ſ	eß
T	t	tt	t	te
V	u	u v	u	u
W	w		w	
X	x		x	ix
Y	y		y	ypſilon oder oya
Z	z		z	zet

[A_4] EXPLICATIO LITERARUM.

A idem est cum Latinis et Graecis. Franci tamen et Misnenses, a obscurum plerunque rotundo ore enunciant, qualiter apud Hebraeos vox Kametz exprimitur ay et ae. Sueui verò a subtile purum et clarum, et Hebraei suum pasah efferunt.

B hodie simpliciter b latinum est, broth *panis*, brey *puls*, brennen *ardere*, olim efferebatur quasi *φότα* graecum als: auur / oder afur / nunc dicimus aber. Et saepe ijs in locis vtimur, quibus veteres Germani literam þ reponebant.

C est c latinum, saepissimè assumit aspirationem, et tum idem valet quod χ graecum, pronunciatur etiam ut χ vel γ, gleich *similis*.

D vsum suum, ut in omnibus linguis retinet, dein *tuum*, der *hic*, duplicatur sed raró, ein widder *aries*, wider *iterum*.

E est fere hebraeum, recht *ius*, alij pronunciant ut diphthongum á / sed malè et rarius. Duplicatur autem et fit diphthongus de qua suo loco.

F φ graecum, uel ph latinum valet, et veteribus Germanis rarius in vsu fuit, [A_4^b] graecos enim imitabatur, ut wolph *lupus*, postea f latinum ab illis assumptum est, quia expeditius scribitur, als wolf / Geminatur in medio et fine.

G initio dictionis paulo durius effertur quàm in fine, similis ferme est literae k, simpliciter sine c positae, als glück *fortuna*, geschworner *iuratus*, Gott *Deus*. Sic autem g initiale à k differt, ut g lingua leniter palato allisa, k verò cum anhelitu forti pronuncietur. In medio et fine molliter effertur, ut γ graecum, klag *quaerela*, gesang *cantus*, kláger *actor*.

H communis aspiratio est, sihe *vide*, haus *domus*, differt ab auß *ex, e*, herrlich *magnificè*, ehrlich *honorificè*. Quibuscunque vocalibus in medio additur illae quodammodo protrahendae sunt, ut aspiratio audiatur, mehr *magis*, sehr *ualde*. Exteri aspirationem omittunt, sed malè, propterea etiam vim faciunt vocabulis latinis, quando dicunt ostia, ic pro hostia, hic. Est itaque strenuè retinenda, propter differentias vocabulorum ut postea dicetur.

I suo officio fungitur, ich bin *ego sum*.

K nobis non minus quàm Graecis communis et vsitata litera est, ab initio medio [A_5] et fine dictionum, klingen *clangere*, in medio et fine literam c sibi adiunctam habet, et tum durius effertur, quasi duo kk concurrerent. Sic etiam punctum Hebraeorum Dages fortificat literas, quae illo impregnantur, k enim simplex non vbique durius est, quam g, propterea frequens apud nos vsus est huius syzygiae ck in medio et fine, tum autem syllabam non inchoat, sed claudit, als Junck herr *domicellus*, *filius domini*, olim ita nominabantur filij principum, hodie verò appellatio illa ab omnibus affectatur, qui annulati, catenati torquatique incedere, et pecunias ostentare possunt. Inchoat autem syllabam in medio quando simpliciter fine sine c ponitur, quod fit in syllabis radicalibus, als bekennen *fateri*, ita syllabatur be / ken / nen / quia syllaba kenn / oder ich kenn est radicalis et significat idem quod verbum nosco. Sed haec ad vsum parum faciunt.

L, als loben *laudare*, duplicatur interdum in medio, schellen *nolae*, nonnunquam etiam in fine schnell *celer*. Simplex protrahitur, kal *caluus*, duplicatum acuitur schell *nola*.

M est m latinum, duplicatur inter[A_5^b]dum in medio, volkommen *perfectus*, et in fine, schwamm *spongia*, stamm *stemma*.

N est n latinum, nein / nit *non*, geminatur in medio, nennen *nominare*, et in fine quando dictio aliqua contractionem patitur: als denn pro denen *his*, à scribis nostris plerumque in fine duplicatur, propter decorem aut versus expletionem.

O ut Hebraeum holem pronunciatur, oder *uel*, alſo *ita*, duplicatur in medio, sed raró, ſpoor *calcar*.

P pein *poena*, cognationem habet cum b, et alterum pro altero saepe ponitur, als haupt vnd haubt *caput*. In medio duplex nonnunquam fit plappern, *uox ex sono facta, significat loquacem esse*, eodem modo in fine geminatur, ein knapp *fullo, textor*, kapp *capo*, rapp *coruus*, ein lapp/ *Lapones Septentrionales populi sunt, et Olaus Magnus scribit lib. 4. de gentibus Septentrionalibus.*

Q rarissimi vsus est, Quit *solutus liberatus*, Quitantz *quitantia apocha acceptilatio*. Quellen *scaturire*, Quarck *caseoli ex acido lacte facti et utrinque cuneati*. Querckgang *uera obliqua uox metallica est*. Quatlender *Batauos et Belgas nostri ita iocose nominant*, quia pro s litera, vtuntur litera t et omnia per wat, dat, quat effe[A_6]runt, quod vitium graece *ψελλισμός* dictum. Gallis etiam ualde vsitatum est, quanquam hi nihil pro litera s reponant, sed eam scribant et pronunciando prorsus omittant. Bene autem faciunt Germani sicut et Latini, qui retinent literam s et crebro ea vtuntur propter dulcem sibilum quem edit: sicut Quintilianus de zita (quae ds valet) inquit quod uix alia litera suauius quiddam spiret.

Q autem naturaliter cum u coniungitur, qui si vocali sola praeponatur nil efficiet.

R rein, ſauber *purus*, rauw *fumus, uertucus, durus, asper, salebrosus, hirsutus, hispidus, πολύσημος est*. duplum saepe fit in medio et fine.

S ſein duplum fit, in medio sicut et in fine, tunc autem acute effertur, daß *quod*, das *hoc*, tractim vult pronunciari. Ita vero vsuuenit, quod si geminandum sit in fine, pro posteriori s literam ß annectent daß, qui concursus a quibusdam Saxonibus durius edisseritur, quasi t esset insertum dats. Porrò s solum et simplex reddit tenuem sibilum, ut apud Gręcos et Latinos, at si ch accesserit, quod communissimè accidit, tum effertur, cum forti sibilo et strepitu, ut schin Hebraeum si iemin punctum in dextro cornu receperit, et fit syllaba Sueuis communissima qui rarius simplici ß vtuntur.

[A_6^b] T die that *factum*, das theil *pars*, si simpliciter ponitur, plerunque recipit aspirationem. Sunt quędam vocabula quorum in medio duplum fit, als vatter *pater*, můtter *mater*, in fine absque laesione orthographiae duplicatur, wie volgtt pro wie volgt, *ut sequitur*. Non raro d litera ipsi pręponitur, propter cognitionem quam inter se habent, vel propter originem, als das bandt vom binden *a ligando*, Todt *mors* vom tödten. Etsi autem haec et his similia vocabula sine t scripta idem significarent, attamen accedit t ut fortius pronunciatio sonet, d enim absorbet anhelitum, quem t clarius propellit.

V vnd u/ vnser noster. Rarò in fine ponitur. Si vel se vel alias vocales praecedit, consonans fit, et naturam f literae assumit, veil *uiola*, vil *multum*. Habemus etiam ů gallicum de quo inter diphthongos.

W est uu duplex ein zweefaches w/ nobis proprium et exteris omnibus incognitum, accedens quodammodo ad uim et pronunciationem quam habet *βῖτα* graecum, cuius loco nos w utimur, quod molli anhelitu efferimus. Inter b Latinum et w nostrum hoc interest, ut b [A_7] constringat et rotundet labia, w verò eadem primum leniter et parum contrahit, ac rursus statim relaxat propter erumpentem spiritum, als beichel *securis*, will *uoluntas*. Exteri uim literae non intelligentes prorsus eam deformarunt, et aut in uo verterunt als voümbald/ aut in gu, dicunt enim Guilielmus contra etymon cum Wilhelmus dicere deberent, *quod significat amatorem et sectatorem galearum et armorum*: ita etiam dicimus, will/ wallen *peregrinari*, nec dicimus guill, guallen. Sicut autem non omnes nationes omnibus linguis efferendis aptae sunt, ita quodam naturae vitio, aliqui literam g/

quae gutturalis est, omnibus fermè dictionibus praeponunt.

𝔛 hanc à Graecis accepimus, qua in paucis germanicis vocabulis vtimur, axt *securis*. Crebrior verò vsus eius est in latinis, quae corruptè et mutilatè efferimus, fix *fixum*, Crucifix ꝛc.

𝔜 hac ab initio non vtimur, coepit autem hodie in medio et fine scribi in ijs syllabis praecipuè quae protrahendae sunt, verzeyhen *condonare*: cum enim videatur nostris supplere uicem duplicis i, igitur quasi duo ij tractum efferri cupit.

[$A_7{}^b$] 𝔷 in initio, medio et fine vsitatum nobis est, zancken *rixari*, zaun *sepes*, zeen *dentes, fortasse dicti quasi* zaun, *quia cingunt linguam*. In medio et fine semper assumit literam t tantz *Chorea*, tantzen *saltare*: Würtzburg/ würtz/ *germanis recens mustum est, quo tractus huius oppidi, totiusque diœcesis Franciae Dei gratia abundat*: alij existimant quod c pro t addatur, scribentes latinè VVircburgum, omittunt autem zita, sed falluntur, cùm tale exemplum in veteribus codicibus non reperiatur, et adhuc etiam Saxones pro z reponunt t, dicunt enim temen pro zemen *domare, frenare*.

Huc non incommodè adiungi poterit Adolphi Mekerchi Brugensis commentarius de veteri et recta pronunciatione linguae graecae, in quo Graecam Latinam et Germanicam Belgicam linguam confert, et aliam ex alia deducit.

COGNATA LITERARUM PICTURA.

𝔈 est c semis, d anteorsum b retrorsum incuruatur, e et c ita differunt ut e superius reflectatur. Literam f ab ſ distinguit [A_8] virgula per mediam tracta: g est quasi inuersum b: k est l in ventre duplicatum: m plicas tres habet: n duas tantùm, sed n superius clauditur, u vero inferius: p et q obuertunt inuicem ventres: r est quasi i cuius apex non supra ponitur, sed à latere annectitur: t quasi crucis formam refert, ab r et i differt, quia lineolam supra medium transuersam habet, infra etiam perparam inflectitur retrorsum.

Diuisio literarum.

Diuiduntur literae nostrae Latinorum more, in vocales et consonantes, de consonantibus dicere non est opus.

De vocalibus.

Vocales sunt: a, e, i, o, u, y: ex quibus diphthongi fiunt, quarum doctrina pernecessaria est.

De diphthongis.

Praeter vocales, quarum nullae est difficultas, diphthongos ac triphthongos habet lingua nostra.

Diphthongi duplices sunt, nempe quae [$A_6{}^b$] constant ex ijsdem vocalibus, dupliciter immediate positis, aut ex diuersis simul connexis.

Quarum illae sunt aa, als kaat, *cœnum balatro*, gaab *donum*, Haar *coma*, schaar *turba*, schaaf *ovis*, &c. ee als zween *duo*, seel *anima*, beed *ambo*, meer *mare*, beer *bacca*, see *stagnum*, eer *honor*, hodie dicimus ehr: schnee *nix*, schneechtig *niuosus*, wee *uae* &c. ij, als vrijcht *extorsa confeßio*, ijchten, *idem quod* reden. In fine peregrinorum valde vsitata est, als Philosophij, Theologij, et producitur propter differentiam nominatiuorum latinorum. oo, als spoor/ *calcar*.

Quamuis autem supra literas duplicatas enumerauerim, de vocalibus tamen geminatis, quas inter diphthongos hoc loco recensui, has obseruationes collocabimus.

I.

Prior vocalis semper pronunciando intenditur, seu acuitur, posterior verò grauatur et remittitur.

II.

Veteres (quod sciam) non vtebantur hac vocalium repetitione, omnia enim supraposita exempla, ut etiam alia hisce [B] similia per simplices vocales efferebant, et adhuc vnica fermè vocalis pronunciando auditur, quanquam duplex scribatur.

III.

Non semper ee diphthongus est, interdum enim duas efficit syllabas, als geendert *mutatum*, trisyllabum est, atque hanc vocalium diremptionem Latini et Graeci per duo imposita puncta denotant.

IIII.

Sicut apud Latinos omnis diphthongus longa est, ita etiam hae duplicatae vocales, moram quandam enunciationis pariunt, eodemque fermè modo efferuntur, quo simplex vocalis cum aspiratione, als aaß vnd ahs *esca*, aal vnd ahl *anguilla uel subula*, seel vnd sehl *anima*. Atque haec alternatio hodie vsu sępe venit quanquam nonnulla inter se differant, als meer *mare*: vnd mehr *magis*.

De diphthongis diuersarum vocalium.

I.

Huius generis diphthongos multas varias et difficiles habemus, non profe[B^b]cto omnes, sicut nec superiores, à maioribus acceptas, sed ut mihi videntur ab alijs populis mutuatas, et ad nos (ut non sine exprobratione curiositatis cuiusdam incusamur) alicundè allatas, nostri enim literati nulla in re profecisse putant, nisi reiectis neglectisque veteribus, linguas his seculis vsitatas, ac multo minus utiles didicerint, quarum studio varietate et copia non parum nostram destruere, et deformare, aut saltem nihili facere et negligere videntur.

II.

Sunt autem diphthongi á, ä, au, aw, e vel vsitatior ei, ey, eu, ew, ie, ó, ow, ua, ú, ü, ů, de quibus certo disseremus ordine.

III.

Discenda verò primum pictura et scriptio earum, quaedam enim vocales gemini soni notas super ius siue in capite recipiunt, quibus graecae aliquae, atque etiam hebraeae recta repugnant, cum subtus notas diphthongorum recipiant. Hanc verò collocationem typographi nostri intra centum annos primum inuenerunt, simplex enim vetustas cum libros olim descri[B_2]beret, diphthongos plerumque omnes in Latina et Germanica lingua omisit. Sunt autem quae à latere Latinarum et Grqcarum quarundam consuetudine accedunt. Quae verò eae sint, ipsa pictura satis ostendit.

IIII.

Prima á constat ex a et e, ac medium inter has sonum exprimit. Reperitur in primitiuis, als die ſchwách *imbecillitas*, die wárm *tepiditas*, et tunc per se consistit nec nascitur, ex litera a, sed potius haec ab illa deducitur, als der ſchwach *imbecillis*, der warm *calidus*. Deinde in denominatiuis locum habet, als thátig *factuosus*, cuius primitiuum est, die that *factum*, hic oritur ex simplici a. Postea in diminutiuis reperitur, quorum primitiua etiam a habent, als der zapf *epistomium*, das zápflein, die ſalb *unguentum*, das ſälblein. Est et plurali numero vsitata, cuius singularis a habet, die Gans *Anser*, die Gänſe *Anseres*, der marckt *mercatus*, *forum* die märckte. Foemininis quoque inseritur, nonnullis quorum masculina a habent, der macher *factor*, die mächerin *factrix*, der artzt *medicus*, die ärtztin.

[B_2^b] Mutatur autem hodie communiter et plerunque in ä sic a dictione artz/ descendit die ärtzney vnd ertzney *medicina*. In quibusdam tamen paucis diuersae dictiones per ä et e notantur, als der vatter *pater*: pluraliter, die vättere, et per apocopen vsitatam, die vätter *patres*, hinc differt vocula. der Vetter, *ita se inuicem patrueles consobrini et amitiui uocant.*

V.

Ae non est nobis diphthongus, als vberſchlaen/ vel clarius überſchlaen/ trisyllabum est, et significat, *deferuere*, *refrigescere*, *uel metiri*.

VI.

Duo puncta a literae imposita ä uel vsitatius ai, valet a et i, blaich *pallidus*, non est admodum vsitata. Saepè autem fit quod diphthongus ei mutetur in ai, ab ijs qui potius a quam e litera delectantur. Sic, quod nos dicimus fleiſch *caro*, bleich, illi dicunt flaiſch/ blaich. Non autem mutatur in deriuatiuis, als flaiſchlich carnaliter, flaiſchern *carnem olere*.

VII.

Sequitur ä quae mihi valde rara videtur, et oritur ex simplici a, ich mag; *uolo*, ich mägte *uolebam*.

VIII.

[B_3]
Vsitata et communis nobis est au/ als ſaur, monosyllabum oder ſauer, disyllabum, significat

mundum et austerum, maur *murus*, der silberschaum *argyritis*. Veteres hac non vtebantur, dicebant enim simpliciter sur/ die mur/ der silberschum/ das hus *domus*: litera u semper tractim et circumflexe elata. Mutatur etiam nonnunquam et fit triphthongus, ut infra patebit. Huic autem affinis diphthongus est, aw/ als die fraw *mulier*, quam alij inter diphthongos referre non videntur, quia u simplex inserunt, als frauw/ Sauw *Sus*, gnauw *tenax*. Nec aliter tamen sic pronunciantur, quàm si u simplici scriberentur, ne fortasse duplex w et b pronunciatum barbaram aphoniam redderet, als frab/ sab/ grab/ ꝛc. Hic ergo cernitur uis literae w quae cum sit duplex uu prius u molliter effert, posterius vero in tenue b mutatur.

IX.

Ei valde vsitata est, der stein *lapis*, der Eiszapff *Stiria*, bleiben *manere*, eigen *proprium*. Interdum geminata reperitur, als beieinander *gregatim*. Saepe mutatur in ey/ [B₃ᵇ] praecipuè vero quando syllaba protrahenda est, bleyben/ schreyen *clamare*. Nec video num per hanc alternationem aliquid in Grammaticam committatur, cum dicere possimus, das leiben vnd leyden/ *passio vel hoc pati*, eya vnd eia. Manet autem communiter in deriuatiuis, leidlig *paßibilis*. In verbis vero transit in i, ich bleib/ schreib/ treib/ *maneo, scribo, ago*, in imperfecto, ich blib/ schrib/ trib.

X.

Eö non est diphthongus, geördnet, trisyllabum est, *et significat ordinatum esse*, praeteritum est verbi, ich ordne *ordino*.

XI.

Eu/ als das Leuth *Homo*, euch *vos*, vbique manet, quantum mihi nunc succurit, als leuthlich *humaniter*, leuthlig oder leutselig *humanis*, das leuthlein *homuntio*, leuten *pulsare*, *homines campana conuocare*. Est autem huic vicinia, ew/ als hew *foenum*, gew *pratum uallis*, ich gew *oscito*. Sed ne reddatur amphibolia duplici w ut b pronunciato, inter haec et similia verba, ich geb *do*, vnnd ich gew *oscito*. Item, ich náh *neo*, vnd ich new *nouo*, igitur u literam à multis interpositam deprehendi, als ich geuw/ ich neuw/ &c.

XII.

[B_4]

Ey saepenumero pro ei ponitur, sicut y pro i als eilen/ vnd eylen *festinare*. Etsi autem omnibus syllabis inseratur, attamen propriam sedem in ultima habet, als Cantzelley *Cancellaria*. In quo loco forte non ypsilon, sed duplex iota est, ut supra ostendi.

XIII.

Diphthongus ie, primum monosyllaba quaedam claudit, als die *hi uel haec*, sie *illa*, wie *qui quomodo*? Hie *hic*, ratio huius collocationis est, quia i simplex in fine non reperitur, nam in dictionibus sey/ bey/ et alijs multis non est simplex i, sed diphthongus ei, quae etiam à fine adeo abhorret, ut in ey plerumque mutetur, als sey *sis*, brey *puls*, etc. Deinde in medio quorundam monosyllaborum reperitur, als das thier *animal*. Postea differentiae causa ponitur, als die viel *uiola*, vil *multum*: praeterea disyllaba et polysyllaba occupat, als lieben *amare*, dieselben *illi ipsi*. Sed obseruandum quod e non tam clarè efferatur quam litera i, propterea in medio à plerisque scribis omittitur, als [$B_4{}^b$] liben/ diselben. In fine verò semper annectitur, propter causas suprapositas.

Est autem antiquissima diphthongus, veteribus enim dieth nobis that est, hinc diethreich id est thatreich *facinorosus*, *rebus gestis clarus*, Dietfurt *Theodonis traiectus*. Sed non semper diphthongus est, quanquam i et e immediate collocentur, quod accidit primum, quando in initio dictionis ponuntur, quia i se ipsam uel alias vocales praecedens, apud Germanos aequè ac Latinos fit consonans, jeglicher oder jeder / *quilibet*: jung *Iuuenis*, Johan / ꝛc. deinde in gentilibus, peregrinis inuentae etiam dirimuntur, als ein Thracier *Thrax*, Campanien *Campania*, Asien Germanien / ꝛc.

XIIII.

Sequitur ö, quae vsitatissima est, à simplici enim o lingua nostra libentius interdum abstinet, propter incultum eius sonum. Primum verò ö in primitiuis reperitur, als öl *oleum*: deinde in deriuatiuis, als ölechtig / et per syncopen ölig *oleosus*. Sunt quaedam deriuatiua quae ö ex o simplici primitiuorum deducunt, als der hoff *aula*, höflich *aulice*, höflig *aulicus*, der tod *mors*, tödlig *mortalis*, der spott *ludibrium*, spötlig. Sic [B$_5$] etiam variant in nonnullis diuersi numeri, als das volck *populus*, die völcker *populi*, der koch *cocus*, die köcher *usitatius* die köch / atque haec sunt secundae declinationis. In prima verò o manet, roh *crudus*, die rohen / *crudi et similia*. In alijs ö ex e nascitur, das hembdt *indusium*, die hömbder *indusia*. Habet autem diphthongus hęc magnam cognationem cum ü, utraque enim hodie indifferenter utimur, als dürr / vnd dörr / *aridus*, Künig vnd König Rex.

XV.

Obseruauimus etiam diphthongum ö vel oi qua Boij, ut plurimum vtuntur, sola tamen pronunciatione, namque scriptam non vidimus, als Noi / id est, new *novus*. Misnenses quoque dicunt oi / quod valet oy vel ey, *quae est admirantis uox*.

XVI.

Diphthongum ou non quidem scriptam nec impressam antehâc legi, sed pronunciatam ex Francis nostris saepè audiui, qua in fine posita, pro simplici o vtuntur als wou / pro wo *ubi*, ſtrou pro ſtro *stramen*. Veteres quoque ow pro aw dicebant, als ſrow pro ſraw ꝛc.

XVII.

[B$_5$^{b}] Non communiter recepta est ua, sed ex ijs saltem auditur, qui u simplex purè non possunt efferre, ut simpliciores et incultiores solet, pro ſuß / enim dicunt ſuas *pes*, pro rus ruas *fuligo* etc.

XVIII.

Sed ů vsitatior est, cuius pronunciationem duplicem esse obseruaui, namque inculti et agrestes indigenae nostri, vtramque vocalem purè et discriminatim efferunt, als der ſues *pes*, quasi disyllabum esset, Item der beſchlues pro beſchlus *conclusio*. Verum hoc vitio non saltem deprauant praesentem diphthongum, sed etiam ipsum u simplex, et duo allegata exempla ostendunt, ů itaque cultioribus, vsitatior est, et valet ů gallicum, ich glů *candeo*, ich ůb *usito* etc.

XIX.

Sequitur ü cum duobus punctis, medium inter u et i sonans, quae Kibutz hebraeum valet, ac nobis vsitata est. Et inter primitiua reperitur, als die hülß *calyx*, die grüb vnd grůb *fouea*, die kürtz *breuitas*, der münch / ꝛc. Nascitur deinde ex primitiuorum o simplici, als Gold *Aurum*, güldin *aureus*, aut ex u simplici, als der nutz [B6] *utilitas*, nützlich *utiliter*, der flug *uolatus*. der flügel *ala* etc.

XX.

Est nobis etiam ů diphthongus, als das bůch *liber*. Sic scribunt quidam die kůw / *uacca*, quod simpliciter aliâs legi, die kü. Hęc pro se extans in primitiuis reperitur als die grůb / der schůch *calceus*, der hůt *pileus*, das gůt *bonum*. In deriuatiuis transit in ú, als gútlich / beschúcht / ꝛc. Sic etiam in plurali numero, als die búcher / húter oder hút *pilei*, die schúcher. Pro zů veteres libentius ze dicebant, als zůhúlf vnd zehilf / *ad auxiliandum*, hinc syllaba zer / als zerschleift.

XXI.

Haec de diphthongis breuiter meditatus sum, plura fortè tempus et exercitatio dabit. Notandum autem sicut alijs vocalibus, alij delectantur, ita etiam alijs atque alijs diphthongis vti malunt.

DE TRIPHTHONGIS.

I.

Hae ex diphthongis nascuntur, et triplicem sonum una syllaba edunt.

II.

[B6b]
Prima est, ái als báitzen / das ist báitzig oder scharff machen.

III.

Secunda est áu nata ex au als der baum *arbor*, die báum *arbores*, das aug *oculus*, áugig *oculatus*, der gaug *fatuus*, die gáug *fatui*, die gáugin *fatua* etc.

IIII.

Tertia est, eü / als die seúl *subula,* differt à saul *columna*, der zeügt *trahit.*

V.

Caeterum lectorem rogo, quod si non vbique satisfecero rei tam amplae et diffusae, defectum illum operis nouitati tribuat et occupationibus alijs quibus obstringor. Atque hoc vniuersaliter meminerit, quod nullibi, nec regularum neque exceptionum omnia exempla adduxerim, quapropter his quae breuitatis causa in toto opere ascripsi, nemo tantum acquiescat, sed plura vel quilibet comminiscatur, vel ex authorum libris eruat atque huc collocet, aut si quis suo me labore et familiaritate dignetur: de omissis et commissis, me vel viua uoce vel in scriptis certificet, donec commune hoc [B_7] opus ad excolendam linguam nostram inceptum perfectius et absolutius alijs possit communicari.

DE SYLLABIS.

Hic diligenter obseruentur ea, quae de explicatione literarum supra dicta sunt, quibus fortasse hae cautelae accedere possunt.

I.

Quaelibet syllaba polysyllabicorum communiter in consonantes exit, si adsunt, als schreib'en/ schneid/en/ ꝛc. Et hoc in scholis nostris receptum est, contra Latinos et Graecos. Vitiatur autem haec regula per syllabicas adiectiones ge / als gesetz/ be / als besinnen *considerare et similes.*

II.

Huic annectitur alia obseruatio, quod consonantes primitiuae et originalis syllabae non debent dirimi in medio, sic dicimus, ge/ schäfft/ ig/ *actuosus*, nec dicimus aut syllabamus, ges/ scheff/ tig/ quia syllaba, gschäfft/ originalis est. et significat *opus seu factum, uel negotium*.

III.

[B7b] Duplicatae in medio diuelli possunt, als ken/nen/ *nosse*: al/le *omnes*, etc.

De abbreuiaturis.

Abbreuiationes paucissimas habemus, amat enim lingua nostra integritatem et candorem, nec breuiaturis delectatur, quibus ceu fallacijs, circumductionibus, et obscuris magicisue notis lectores decipiuntur, sh significat idem quod sch, currendo enim c omittitur, vel ipsi s annectitur, als geschehen/ *actum*, ē pro en ponitur, virgula — literis imposita m vel n denotat, sicut apud Latinos, etc.

De Dialectis.

Sicut Germani communiter et largè in duas gentes hodie diuiduntur, Superiores et Inferiores. Ita generaliter diuiditur lingua nostra in duo Idiomata, in Oberländisch/ vnnd Niderlendisch/ oder Sächsisch Teutsch.

[B8] Teutsche sprach wird getheilt Inn

- Oberländisch/ *huc spectant dialecti inuicem intelligibiles, quibus utuntur:*
  - *Rhenani.*
  - *Franci.*
  - *Misnenses.*
  - *Silesij.*
  - *Turingi.*
  - *Norici. Suevi.*
  - *Austriaci.*
  - *Septemcastrenses.*
  - *Baioarij.*
  - *Tirolenses et omnes illi montani.*
  - *Helvetij, etc.*

  Hi Ptolom: dicuntur Ingeuones Inwôner, qui in continentis meditullium, longius à mari concesserunt, qui et Wisteuones, die weiteste Wôner, die sich wol herein in das Land begeben.

- Niderlendisch teutsch *et subdiuiditur in*
  - *Superiorem nobisque propiorem linguam qua utuntur:*
    - *Haßi.*
    - *Westphali. Vbij.*
    - *Belgae citeriores.*
    - *Saxones superiores.*
    - *Marchiaci.*
    - *Pruteni.*
    - *Pomerani etc.*
  - *Inferiorem, qua utuntur omnes populi, qui ad maris littora propius haeserunt, quas historici Wigeuones vocant, id est, Woge uel Wogewôner, nam fluctus maris nobis Wogen significant, atque horum idiomata et dialecti inculti adhuc et uicini sunt primae origini.*

[B8b] Idioma vero, quo in his institutionibus, utemur commune et intelligibile erit omnibus superioris Germaniae populis, quo etiam scripta constant ex praecipuis typographijs edita, quae sunt Moguntiae, Ingolstadij, Norinbergae, Augustae, Basileae, Francofurti, VVitebergae. Hoc si quis extraneus uti didicerit, satis ac pro necessitate etiam ab inferioribus intelligetur.

SEQVVNTVR ORTHOGRAPHIAE GENERALES QUAEDAM OBSERUATIONES.

I.

Formae literarum fermè conueniunt cum latinis exceptis maiusculis.

II.

Potestas eadem est cum Latinis et Graecis.

III.

Geminatio non omnibus contingit, atque interdum inutiliter duplicari videntur, als wider *contra*, der widder *aries*. Iam si dico der wider (simplici d) ſties den bock: omnes facile de ariete, nec de prae-[C] positione illud dictum esse intelligent. Sed sint orthographiae sua iura, quibus nos nihil adiuuemus.

IIII.

Vocales nostrae pronunciantur sicut latinae, consonantes autem plerumque per e efferuntur, quae nec nimis crassa est, ut a et o, nec ita subtilis ut i. A et o Nariscorum, Sueuorum, Francorum, Baioariorumque sunt, sed ů Turingorum, et Hassorum, Heluetij, et plerique Saxones i literam in crebro vsu habent, quam et Misnenses, (populus nempe cultissimus) cum elegantia et suauitate efferunt, atque ea sicut et Graeci maximè delectantur.

V.

Duae consonantes in fine repetitae, aut sineresin significant, als reich ann gůttern / *dives opum* pro an den gůttern / verachtt pro verachtet *contemptus*. Aut acutius efferri volunt, als daß *quod*, huic differt das *hoc*. Aut complent et ornant versum, geſchribenn / pro geſchriben *scriptum*.

VI.

Ad primum praecedentis regulę membrum, haec praesens spectat. Quod quae[C^b]libet contractio, retinet suas consonantes, siue sint aequales nec ne, abiectis tantum vel absorptis vocalibus, als analogicè denen *his*, contractè denn / behütet / behütt *custoditus*, verharren / verharn *commorari*.

Si tres eaedem consonantes concurrunt, poterit vna breuitatis causa abijci, als analogicè verschinnen *quod euanuit*. contractè verschinnn / elegantius autem et breuius verschinn.

VII.

Cognatae consonantes in fine varietatis, et ornatus causa connectuntur, als d vnnd t / schadt *damnum*, idem sonat schad nichts / idem quod nicht *nihil:* item, p / b / m als verdampt / idem quod, verdambt vel verdamt *damnatus*, lan, item g vnd k / als lang vnnd langk *longus*, burg / burck / vnnd burgk / *castrum* / etc.

VIII.

Aspiratio h syllabam quodammodo extendit, als gahr *totus*, ch in dictionibus gleich / sach / et similibus non est aspiratio, sed χ graecum, quapropter non circumflectit syllabam.

IX.

[C_2] Litera r, graecorum more plerumque aspiratur, nam si inchoat syllabam post se recipit literam h, als rhat *consilium*, at si syllabam claudit aspirationem ante se assumit, sehr *ualde*. More hebraeis contrario, qui in nonnullis aspirationem subnectunt fini.

X.

Notę distinctionum cum latinis fermè conueniunt, punctum enim compręhendit integram periodum. Virgula vero transuersa hoc modo / nobis pro colis seu membris, et pro commatibus est. Signum interrogationis à Latinis accepimus, sicut et parenthesis inclusionem. Et cum colis seu duobus punctis ea membra signentur, ubi aliud quiddam, sequi necessum est. Idcirco usus eorum, hodiè in Calcographias accersitus est. Plures autem distinctiones lingua nostra nescit.

DE FIGVRIS DICTIONUM.

Admonet me natura et proprietas linguae, ut de figuris pauca quaedam hic in[C_2]seram, eaque solita methodo per obseruationes perstringam.

I.

Primum itaque sciendum, quod linguae nostrae radices omnes primitiuae monosyllabae sint, et hac in re quam proximè ad Hebraeos accedant, quam breuitatem profecto nec Graeci nec Latini vbique ostendere possunt. Exempla autem in Dictionario olim commodè erunt adducenda.

II.

Quoties ergo Grammaticae analogia et regularitas dictiones integrè format, et suis syllabis perfectè absoluit, toties rursus contra etymologiam constringi et contrahi volunt, ut semper breuitatem originis suae desiderent.

III.

Interdum autem orationis numerus, cum ligatae tum illigatae postulat, ut vocabula non tantum regulariter et perfecte pronuncientur. Sed vltra regularitatem saepe dilatentur, eaque vocum diminutio et augmentatio, per subiectas Graecis et Latinis vsitatas figuras contingit.

IIII.

[C_3] Non omnes autem dictionis figuras Graecorum, sed aliquas tantummodo in vsu habemus, ut sunt: Syncope è medio literam vel syllabam tollens. Apocope quę est finis abscissio. Paragoge accessio quędam superflua ad finem. Metathesis, literas transponens, huius figurae exempla in characteristica verborum diphthongo ei, saepè contingunt, als ich schreib *scribo*: in imperfecto, ich schrib *scribebam*: et Sueuice, vel Baioaricè, ich schrieb / hi enim populi in medio libenter ie pro i vtuntur. Reliquarum autem figurarum exempla vbique occurrent.

DE PROSODIA.

Haec comprehendit accentus seu vocum pronunciationem, et rithmorum siue versuum rationem, de priori illa parte hoc loco pauca dicemus, alteram in calcem libri reijcientes, obseruentur autem de accentibus hae regulae.

I.

Sunt quidem accentus nobis cum Latinis et Graecis communes, sed nullis pinguntur notis, quot autem accentus [C_3^b] sint, et ubi locum quilibet habeat, generalibus regulis aliqua ex parte doceri potest.

II.

Accentus tres numeramus acutum, grauem, et circumflexum, uel tardum, atque hos à Gręcis Latini et Germani mutuantur.

III.

Monosyllaba acutè efferuntur, quae positione longa sunt, als der brunn *fons,* der sack *saccus,* der plitz *fulgur*. Acuuntur etiam propter differentiam, als die sach *res*, hinc differt die sag *fama*, ich mach *facio*, ich mag *uolo, possum*. Reliqua vero monosyllaba grauitona sunt, quae nec acuuntur nec protrahuntur, per vnisonum enim pronunciata, vocis depressionem vel elationem in vicina vocabula reijciunt: als, es seind noch Leut in der Welt die die Künst fürdern. Item / solchs thůn ist der seelen nutz vnnd gůt. Obserua tamen, si plura connectantur monosyllaba, quòd, acutus praecipuè in illud reijciatur, in quo emphasis maior continetur, ut si in his duobus exemplis acuas et fortifices di[C4]ctionem, Leut kúnst / thun vnd nútz / ꝛc.

Diphthongi et contractiones, retardant et circumflectunt monosyllaba, als sein *suum*, denn pro denen *his*, aliud autem est, denn vel dann *quia uel quapropter*, hoc enim acuitur. Sunt nonnulla quae circumflectuntur et acuuntur, quia vtriusque pronunciationis causas, hoc est diphthongum, et positionem habent, als die mâáß *mensura*, prius enim a uult protrahi, posterius vero acui, propter duplex ß.

IIII.

Disyllaba priorem communiter acuunt, als manen *monere*, solches *hoc*, den willen *uoluntatem*. Diphthongi syllabae posterioris interdum ad se trahunt acutum, als allein *solus*, fit autem ex acuto et graui circumflexus.

V.

Trisyllaba acuunt antepenultimam, als Fisch-hamen *hamus*, Engellandt.

Exceptio autem quam patitur haec regula in septima obseruatione sequetur.

VI.

Quadrisyllaba si sint composita primam [C4b] acuunt contra Gręcos et Latinos, als der Stubenheitzer *Calefactor*, der Waffenträger *Armiger*. Sic etiam simplicia quaedam, als treffelicher *insignis*, hungeriger *famelicus*, schuldigeren *debitoribus*. Sic et polysyllaba der verstendigste *prudentißimus*: haec vero per syncopen plerunque contrahuntur, de quibus alibi.

Sunt autem quaedam simplicia, quę reijciunt acutum in antepenultimam, propter eius positionem, als die barmhertzigkeit/ *misericordia*.

VII.

Hae syllabicę adiectiones vbique breues sunt, et grauiter efferri volunt, als be/ da/ dar/en/ er/ ge/ her/ ver / zer / zů / als ich befelch *mando*, cuius simplex felchen in vsu non est, bekeren *conuertere*: darumb / darzů / dahin / empfangen *accipere*: litera p mutat n in m, componitur enim ex syllaba en/ vnd fangen: accedit autem p euphoniae gratia, zerschleifft *dirutum, distractum*, bekerung/ verachtung *contemptus*, erweyteren *dilatare*, zůsammen *in unum simul*, nachgeuolget *imitatus*, etc.

Si duae ex his concurrunt, prior acui[C5]tur, als zůgethan *clausum*, *additum*, dargelegt *appositum*, etc.

VIII.

Aspiratio non negligatur propter differentiam vocabulorum, horum enim significationes et origines distinguit, aliud namque est, Er *ipse uel is*, aliud item her oder hieher *huc*, et in medio, als die ehr *honor*.

IX.

Peregrina sequuntur suam originem et naturam, dicimus enim, die Cautél/ der Notári/ nec dicimus Cáutel/ Nótari.

DE ETYMOLOGIA.

AEdificium grammaticum hoc modo consurgit: Primum namque Orthographia literas seu elementa, vel hylen suam, hoc est rudem materiam inuenit, scribit, distinguit, et vires earum certis destinat vsibus, easdemque in syllabas et integras dictiones cogit et conglutinat. Hinc sequitur illa Prosodiae pars, quae dictiones dicendi quodam sono vestit, exornat, et quasi leuigat. Velut autem tabulis et lapidibus antequam construantur, emblemata varia, et vermiculata opera inci[C_5^b]duntur. Sic quoque Etymologia, de qua nunc agemus, per gradus, per genera, casus, tempora et modos, variè flectit deducit et dirigit vocabula, atque alterum alteri ita accommodat, ut tandem per Syntaxin quasi architectum, ordine decenter et artificiosè sibi inuicem coaptentur et construantur.

Requirit autem etymologia octo orationis partes à Graecis mutuatas, et sunt: Articulus, Nomen, Pronomen, Verbum, Aduerbium, Participium, Coniunctio, Praepositio.

DE ARTICVLO.

Articulorum auxilio membra et artus vocum, adeoque totius orationis connectuntur. Articulis accidunt: Genus, Motio, Numerus, Casus et Declinatio. Sunt autem nobis articuli, der/ ein/ es/ de quibus per subiectas distinctiones disseremus.

I.

Articulus der est adiectiuus, et mouetur per tria genera:

Masculinum, der *hic.* Foemininum, die *haec.*
Neutrum, das *hoc.*

[C_6] Demonstrat autem quoddam indiuiduum, rei siue sensibilis, siue intelligibilis.

II.

Ein est similiter adiectiuus, Omnis generis: Et conuenit cum graeco articulo grauitono τὶς, *quidam uel aliquis,* de incerto vagoque indiuiduo loquens, ut si dico: ein Mann, *uir aliquis quicunque sit.*

III.

Es, magis pronomen relatiuum est, quam articulus, nomina enim articulos ante se habent: Es vero tantum verbis praeponitur. Quod autem inter articulos hunc quoque recenseam, ratio est, quia relatiuum mouetur per tria genera, in masculino enim habet, er, in foeminino, sie, in neutro es, *Is, ea, id.* Hic verò articulus non mouetur, est enim omnis generis, sicut articulus ein, ut si quęras: wer ist da? *quis adest?* indifferenter de vtroque sexu vel omnibus generibus respondes: Es ist ein Mann/ Es ist ein Weib / Es ist ein Thier oder Vih 2c. Si quis autem breuitatis et facilitatis causa, hunc articulum ex caeterorum numero eximat, illi non resisto. [C_6^b] Cum enim es sit relatiuum neutrius generis, facile poterit hinc prorsus auferri et inter pronomina collocari, et quandocunque reperitur, de re aliqua intelligatur, von einem ding/ quae in nostra lingua neutrius generis est, dann wir sprechen/ das ding/ siue eius rei antea facta fuerit mentio, nec ne, nulla sexus aut generis ratione habita. Sic dico, es fährt *uehitur*, cuiuscunque sexus homines currum agitent vel vehantur, es ist hüpsch, cuiuscunque generis ea res sit, quae pulchra est.

Pręponitur autem hic articulus verbis personalibus, et impersonalibus, ut docebimus infra.

IIII.

Articulus der/ ita mouetur et declinatur:

Masculinum: Singulariter.

N. der oder diser/ *hic.*
G. deß/ dessen/ *huius.*
D. deme/ dem/ disem/ *huic.*
A. den/ disen/ *hunc.*
V. Caret.
A. von dem/ disem/ *ab hoc.*

Pluraliter:

N. die/ dise/ *hi*, *etc.*
[C7] G. der/ deren.
D. denen/ disen.
A. die/ dise.
V. Caret.
A. von den/ disen.

Foemininum: Singulariter.

N. die/ dise/ *haec.*
G. der/ dieser/ *huius.*
D. der/ dieser/ *huic.*
A. die/ diese/ *hanc.*
V. Caret.
A. von der/ dieser/ *ab hac.*

Pluraliter:

N. die/ diese/ *hae.*
G. der/ deren/ *harum*, *etc.*
D. denen/ diesen.
A. die/ diese.
V. Caret.
A. von denen/ disen.

Neutrum: Singulariter.

N. das/ dieses/ *contracte* diß/ *hoc.*
G. des/ dieses/ *huius.*
D. dem/ disem/ *huic.*
A. das/ dieses/ *hoc.*
V. Caret.
A. von dem/ diesem/ *ab hoc.*

[C7b] Pluraliter:

N. die/ diese/ *haec.*
G. der/ deren/ *horum etc.*
D. denen/ disen.
A. die/ diese.
V. Caret.
A. von denen/ disen.

V.

Qui casus, quibus conueniant nota, et obserua etiam pluralem numerum, cuius casus in omnibus generibus conueniunt.

VI.

Profertur autem dupliciter articulus, der/ in vnoquolibet genere, als der vnd diser/ et vox vtraque vsitata est, cum prosae tum ligatae orationi.

VII.

Diphthongum ie et i hic, sicut etiam alibi indifferenter ponam, secundum decimam tertiam, de diphthongis regulam suprapositam.

VIII.

De numero casuum aliqui forte controuersiam mouere possent, qui graecorum quinque casus tantùm numerant: Ego verò sex, Latinorum recenseo non saltem hic, sed etiam in nomine, pronomine, et [C.] participio. Et si enim ablatiuus cum datiuo in vtroque numero semper et vbique conueniat, attamen à Datiuo variat propter praepositionem: Von *de e ex a ab*, etc., quam nec datiuus nec ullus alius casus praeter ablatiuum requirit. Deinde praepositio von, plerumque excludit articulum vel cum ipso in vnam dictionem per Syneresin coalescit, pro eo enim quod dico, von dem Mann, contractè dico, vom Mann, *de uiro* etc. Hic ergo non vides aequalem etymologiam inter datiuum et ablatiuum. Cùm praeterea sex Latinorum casus, hodiè omnibus literatis communiores sint, et facilius etiam percipi possint, quàm Graecorum casus quinque, nec ablatiuus noster, genitiuo sicut Gręcus, sed datiuo maximè conformetur: Igitur consultius visum est, retinere latinam casuum enumerationem, alij si quid rectius diuinare, aut succinctius hic docere velint, ab ijs non discrepamus.

IX.

Sequitur declinatio et motio articuli, Ein.

N. Ein per omnia genera, als ein Man ein Fraw ein Thier.

[C_8^b] G. Eines Manns einer Frawen eines et per Syncopen eins Thiers.

D. Einem vnd eim Mann einer frawen einem vnd eim thier.

A. Einen Mann eine vnd ein fraw ein thier.

V. Caret.

A. Von einem vnd eim Mann einer frawen einem vnd eim thier.

Masculinum et Neutrum ferè conueniunt excepto accusatiuo.

Foemininum nonnihil variat, quia saepe literam r acquirit.

Supra autem dictum est, quod hic articulus non moueatur, idque tantum de nominatiuo intelligendum est.

Caret etiam plurali numero.

X.

Einer/ eine/ eines oder eins/ *Vnus, una, unum*, non sunt articuli, sed sunt adiectiua numeralia cardinalia. Vel sunt casus genitiui, descendentes ab articulo ein ut ex supra posito schemate apparet. Malè ergo et barbarè loquuntur exteri, si articulum ein, in nominatiuo per genera mouent, et construunt illum simul cum adiectiuis aut substantiuis, dicentes, einer [D] hüpscher Mann/ quia articulus ein, non debet moueri si adijcitur substantiuis: absolutè vero vsurpatus moueri potest, als einer *aliquis*, eine *aliqua*, eins *aliquod*, ut si dico: es hats einer gesagt, analogiam sequor: si vero dixero, es hats einer Man gesagt/ in analogiam committo.

XI.

Articulus ein mouet adiectiua per tria genera et tres terminationes: Sed articulus, der die das non mouet nomina, ipse enim siquidem mouetur genera nominum adiectiuorum.

Dicimus itaque ein	gelerter Man gelerte Fraw gelertes oder gelerts Thier	*Nec dicimus:*	der gelerter. die gelerte. das gelertes oder gelerts.

Sed:	der die das	gelert	Mann. Weib. Thier.	*Foeminino tamen* e *nonnunquam accedit.*

XII.

Abhorret itaque articulus, der/ die/ das/ à motione nominum, quod autem analogice dicitur, der gelerter *doctior*: der weyser *sapientior*, etc. sciant discentes, has dictio[D^b]nes non esse positiui, sed comparatiui gradus. Cuius locum usitatius et saepissimè explet superlatiuus, etsi comparatio inter duas tantum fit. Quam Latinorum superstitionem lingua nostra non curat. Sic communiter de duobus (non minus quam de pluribus) in superlatiuo casu dicimus, der gelerteste, *doctißimus inter duos*, quia articulus der, non libenter post se recipit aut admittit adiectiua in er, ne fiat tautologia, et illepida repetitio syllabae er. Quae cum exteris saepissimè vsuueniant, igitur sedulò dehortandi sunt.

XIII.

Quanquam autem omnibus nominibus articuli praeponi debent, attamen hodiè paulatim ab hac regula disceditur, als: vnd solches haben Gelerten der Gesätz auch im brauch/ *atque hoc habent Periti legum etiam in usu*, Gelerten pro die Gelerten. Item/ Kauff=

leut seind nicht ohn Sünde/ Mercatores non sunt sine peccato. Kauffleut pro die Kauffleut/ ohne Sünd pro ohne die Sünd. Nam praepositiones nonnunquam excludunt articulos, als/ ohne werck stehet der Glaub bloß/ Sine operi[D_2]bus nuda est fides: ohne werck pro ohn die werck/ rc.

XIIII.

Articulus, das, neutrius generis praeponitur etiam verbis infinitiuis, graeca consuetudine, als/ das thun *hoc facere, τὸ ποιεῖν.*

XV.

Es articulus, ijs verbis primum praeponitur, quae latini exemptae actionis nominant, es regnet *pluit*, es schneet *ningit*: nec dicimus, der Himel regnet/ Gott schneet. Deinde praeponitur impersonalibus omnibus, quae Latinis actiuae vocis sunt, als: es gefelt mir/ *placet mihi.* Postea praefigitur verbo substantiuo est, et omnibus actiuis, quandocunque certus nominatiuus deficit. Cum enim actiua sine nominatiuo consistere non possint, quia nomen et verbum absoluunt orationem, nominis ergo locum et vicem supplet, articulus siue pronomen relatiuum es: als es thůts/ *hoc (scilicet quicquid sit) facit uel conducit*, es ist hübsch *hoc pulchrum est*: quicquid etiam fuerit illud, de quo facta erat mentio, seu ad quod relatiuum es refertur. [D_2^b] Iungitur igitur eius membri loco et officio, quod subiectum propositionis à dialecticis dicitur.

XVI.

Caeterum articulus es, cunctis accidentibus (praeter genus omne) destituitur, quia nec mouetur, nec declinatur.

XVII.

Negatiua vocula, kein *nullum*, quae recta opponitur articulo ein, mouet adiectiua, als/ kein Teutscher/

kein Teutsche / kein Teutsches / quae si mouetur ipsa nullum substantiuum asciscit, sed absolutè ponitur: als keiner/ keine/ keins: prorsus sequens naturam hac in re articuli Ein.

DE NOMINE.

Nomen rem aliquam significat: der nam bedeut ein ding / es sey gleich in euserlichen sinnen/ oder jnnerlichen verstandt. Proprium et Appellatiuum est: Propria indiuiduis singulariter applicantur, ut discernantur à rebus alijs, eiusdem speciei: als / Hans/ Matthes/ Jörg/ Claus/ Rom/ Nürmberg/ Wien/ der Mayn/ die Elb/ ꝛc.

Appellatiuum duplex est: Substanti[D$_3$]uum, als das hauß *domus*, der baum *arbor*.

Adiectiuum quod adijcitur substantiuo, per se existenti, als / das hüpsch hauß / *pulchra domus*: ein hoher baum/ *alta arbor*.

Nomini accidunt: Comparatio, Genus, Figura, Species, Numerus, Casus, Declinatio. Idem autem orationis partibus accidentia praestant, quod praedicabilia solent praestare praedicamentis, haec etenim per illa non minus, quàm partes per accidentia explicantur.

DE COMPARATIONE.

Comparationis gradus à Latinis vel cum Latinis, à Graecis accepimus, nempe: Positiuum, Comparatiuum, et Superlatiuum. Quorum natura et potestas his regulis comprehenditur.

I.

Comparatio rectè doceri non potest, nisi motio adiectiuorum praemittatur.

II.

Adiectiua positiua abstractè seu absolutè posita, vel coniuncta cum articulo, der/ die/ das/ non mouentur, als/ der ist verstendig/ die ist verstendig das ist ver[D_3^b]stendig. Non autem dico, der ist verstendiger (in positiuo) / die ist verstendiger das ist verstendiges.

III.

Adiectiua cum substantiuis, aut cum articulo Ein, aut cum vtroque simul coniuncta mouentur in positiuo per er, e, es: als cum substantiuo, weysser käß *albus caseus*, cum articulo, ein weysser' cum vtroque ein weysser käß' ein weyse wand' *paries albus*, ein weyses pappier/ *alba Charta.*

IIII.

Cuiuscunque terminationis adiectiua positiua abstracta sint, si mouentur, masculinum in Er, foemininum in e, neutrum in es finiunt, nec ulla alia speculatio hîc difficultatem discenti incutiat. Non autem opus, ut positiuorum terminationes colligantur, cum ex significatione facilè quilibet iudicare possit, quęnam vox adiectiua positiui gradus sit.

V.

Comparatiuus omnis generis est, si absolutè ponitur, et fit similis positiuo masculino in er als weysser *hic et haec albior*, *et hoc albius*: vel clarior hoc modo.

[D_4] Positiuo, ein { Künstlicher/ Künstliche/ Künstliches.

Comparatiuo, { der die das } Künstlicher *hic haec artificiosior, et hoc artificiosius.*

VI.

Si comparatiui mouentur (sicut omnes moueri possunt, quod fit si vel substantiuis adhaerent, vel articulum ein, ante se postulant) tum addunt masculinis er: foemininis e: et neutris es: als ein künstlicherer Mann et per apocopen seu abscisionem syllabae posterioris er künstlicher/ Item ein künstlichere Fraw et per Syncopen mediae literae e künstlichre. Ein künstlicheres Thier per Syncopen, künstlichers.

VII.

Adduntur autem comparatiuis aduerbiales quaedam dictiones, quae augent significationem eorum, vt si dico:

[D_4^b]

der die das	ist	noch/ etiamnum. nochmehr/ adhuc magis. vil/ multo. vilmehr/ multo magis. mehr/ magis. etwas/ } quodam- etwas mehr/ } modo. in allen wegen/ omnibus modis. aller massen.	Gelerter/ Weyser/ 2c. *Idem autem haec aduerbia significant, et Indifferenter adhibentur, quatuor tamen priora usitatissima sunt.*

VIII.

Superlatiuus fit à positiuo, cui addit [D_5] syllabam est/ si non moueatur, als der weyß *albus*, der weysest schlecht *simplex*, der schlechtist *simplicißimus*. Potest autem per Metathesin literę e in finem transponi, als der weiste/ schlechste: Sic der frömmest vnd frömmste *probißimus*: recht oder geradt *rectus*, der rechtest geratest/ vnd rechtste/ geratste *rectißimus*: et est forma vtraque vsitata. Abscindit verò Apocope nonnunquam literam e der frömbst/ der geratst/ schlechtst/ weist/ 2c.

IX.

Superlatiuo accedit dictio aller *omnium*, als der aller verstendigeste/ verstendigest/ oder verstendigst/ *omnium prudentißimus*: Sed aduerbiales illae comparatiui et superlatiui dictiones, addi vel adimi possunt, sine detrimento significationis.

X.

Circumloquimur interdum superlatiuum, per positiuum addita dictione, vberauß *supereus, uel super omnia*: als / er ist vberauß freigebig / *super omnia liberalis est.*

XI.

Superlatiuus potest etiam moueri per er/ e/ es/ als ein frömbster *probißimus*, ein [D_5^b] frömste *probissima*, ein frömstes oder frömsts *probißimum.*

XII.

Sunt etiam nomina quaedam substantiua, quae per duo genera variantur, ac foemininum formant in in cuiuscunque terminationis masculina sint. Ac primum notentur nostratia, als der Wächter Vigil, die wächterin/ der König *Rex*, die Königin *Regina*, der Fürst *Princeps*, die Fürstin/ der Gesell/ gesert *Comes*, die Gesellin/ die Gesertin/ Schneider *Sartor*, quem nos à secando sectorem nominamus, die Schneiderin/ Mann Männin. Sic etiam gentilia: der Teutsch/ die Teutschin/ Sachs/ Sächsin/ Frantzos/ Frantzösin/ Polack/ Poläckin/ der Welsch/ Welschin: Item peregrina: der Kayser/ Kayserin/ Abt/ äbtin oder äbtissin/ Doctor/ Doctrin/ Magister/ Magistrin/ ꝛc.

Nota quod in rithmis apud veteres foemininis in in, non raro litera e, tanquam ijs propria adijciatur: als fürstinne/ Königinne/ aut syllaba, gund als Königund/ quod deinde proprium nomen factum est.

XIII.

Sunt autem nobis quoque anomala, si[D_6]cut Latinis et Graecis, als/ gůt *bonum*, besser/ nicht gůter *melius*, das beste *optimum.*

DE GENERE.

Hoc opus hic labor est. Non enim declinationes genus indicant, ut in quibusdam graecis fit. Nec terminationibus comprehendi potest, cum variae et nonnihil odiosae sunt. Lectio quidem statim obuios habet articulos, qui genera arguunt, sed quis ea ostendet Tyroni extero et Balbo, cum ipsi sine libris verba fingenda sunt? Quapropter eadem in dictionario aliquo consignanda erunt, si primum hunc grammatices laborem non frustra susceptum esse intellexero. Plures enim huiusmodi inconcinnitates audimus si Mediolanenses, si Allobroges, et alij id genus institores, merces suas commendent: Er ist der er leider gůtter barchet/ Ist der erst aller auß der Sopheÿ kam ausser. Item/ der Fraw dir nit der gelt gern gib auß/ ꝛc. Etsi enim fortè pronunciare possunt, barchet/ fraw/ gelt/ et similia, tamen in genere et articulis errant. [D_6^b] Praeterea hysteroprotero seu praeposteratione vtuntur, in transpositione verbi et aduerbij, quae in suum locum reponimus.

Caeterum genera recitabimus ut Latini, excepto communi.

Masculinum, Foemininum, Neutrum, Omne, Dubium et Epicoenum.

Vtamur itaque Latinorum etiam quibusdam generalibus regulis, et dicemus quod:

I.

Virorum, dignitatum et officiorum virilium, Mensium, Ventorum, Meteorum, Locorum, Spirituum, animalium quadrupedum, auium, piscium, et monetarum, nomina sunt generis masculini et requirunt articulum der, als:

Virorum, Clemens/ Veit ꝛc.

Dignitatum, der Bapst, Bischoff, Kaiser/ ꝛc.

Officiorum, der Bürgermeister, *Consul Burgimagister*: der Hauptman, *Praefectus*.

Mensium, der Jenner Hornung Mertz April May / ꝛc.

Ventorum, der Ost *Eurus*, Sud *Auster*, west *Zephyrus*, nord *Boreas*, sturmwind *Typhon*.

[D_7] Meteorum, der Regen *Pluuia*, Schnee *nix*, hagel *grando*, reiff *pruina*, Regenbogen *Iris*, Stern *Stella*. Excipiuntur: die Wolck *Nubes*, das fewr *Ignis*, die Sonn *Sol*, etc.

Locorum, der platz *area*, der raum *spacium*, der ort *locus*.

Spirituum, Gabriel / Michael / Sathan / Teufel / Moloch / Aschirat / nam deorum nomina huc quoque spectant, in quos diaboli se transformarunt.

Quadrupedum, der Ochs *Bos*, eius foemininum nobis est, die Küw *Vacca*, der Hund *Canis*, der Esel *Asinus*, der Hirsch *Ceruus*, der Gaul *Caballus*, der Kader *Feles*, cuius foemininum est, die katz oder kitzin. Sic reliqua omnia formant foeminina in in / als Hündin / Eselin / ꝛc.

Excipiuntur à regula foeminina, die Maus / *Mus*.

Et neutra, das roß *equus*, schwein *porcus*, lamb *agnus*.

Auium, als der Adler / Distelfinck / *acanthis*, Schwan *Holor*. Excipiuntur pleraque foeminina: die Atzel *Pica*, Lerch *Alauda*, Ambsel *Merula*, Wachtel *Coturnix*, Ente *Anas*, Eul *Vlula*, etc.

Piscium, als der ahl *anguilla*, der häring *halec*: [D_7^b] Excipiuntur foeminina: die Forel *Variolus uel aurata*, die Esch *Aschia*, die Barb *Barbo*, Grundel *Fundulus*, Neünaug *oculata*, Prick *Lampreta*, die schleig *Tenga*, etc.

Monetarum: der pfennig *nummus*, häller *obolus*, dreyer *triens*, grosch *solidus grossus*, schilling *solidus*, Creutzer *crucifer*, Batz *Bacus*, constans quatuor cruciferis, Taler *Vallensis*, *uel Ioachimicus scilicet nummus*: Patronymicum est, hinc dicitur, ein Jochims Taler, à valle Ioachimica, vel ab ipso nomine Joachimi / der Gulden *Aureus*, der Stüfar.

Excipiuntur, die Cron *scalum Corona*, das ort *quarta pars auri*.

II.

Mulierum, Muliebrium officiorum, Fluuiorum, virtutum, Fructuum, Insectorum, et arborum nomina sunt generis foeminini.

Mulierum, die Els/ Kette/ Barb/ ꝛc.

Officiorum, die Hebam *Obstetrix*, Seugam *Nutrix*, Heben *excipere et tenere significat*, am vel amma, vox infantibus vsitata, qua matres vocant, die näherin *Netrix*, etc.

Fluuiorum, als die Elb *Albis*, die Maß *Mosa*. Excipiuntur masculina, der Nepper *Bo*[D$_{a}$]*rysthenes*, der Lech *Licus*, der Meyn *Moenus*, der Necker *Nicer*, der Yhn *Oenus*, Rhin *Rhenus*, etc.

Virtutum, die lieb *dilectio*, sorg *cura*, keuschheit *castitas*. Excipiuntur masculina, der Glaub *fides*, verstand *intellectus*, etc.

Fructuum, als die Käst *Castanea*, Nuß *Nux*, Kirsch *Cerasus*, Pfirß *Persicus*, Kappern *Capparis*, Pomerantz *pomum Arantium uel aureum*, Pflaum *Prunum*, Kütten *Cotoneum*, Feig *Ficus*, Eichel *Glans*, Buchäcker *Glans fagi*, Beer *Bacca*, Birn *Pirum*.

Insectorum, als die jmme/ oder Bien *Apes*, Spinn *Aranea*, Flieg oder mück *Musca*, Bremß *Asylo*, Hewschreck *Cicada*, Wantz *Cumix*, Embs *Formica*, Egel *Sanguisuga*, Laus *Pediculus*, Raup *Eruca*.

Excipiuntur: der Keffer *Bruchus*, der floh *Pulix*, et reptilium quaedam, als der Wurm *Vermis*, etc.

Arborum, die Buch *Fagus*, Asch *Fraxinus*, Lind *Tilia*, Eich *Quercus*, weid *Salix*, birck *Betula*, etc.

Excipiuntur masculina, composita cum dictione, baum/ als der Pflaumenbaum/ Buchsbaum/ ꝛc.

III.

[D$_{a}^{b}$] Nomina vrbium, castellorum, pagorum, regionum, metallorum: Item nomina denominatiua in umb, et nomina copiam significantia generis neutri sunt.

Vrbium, als Rom/ Nürmberg/ Würtzburgk.

Castellorum, Newenstadt/ Laufer/ rc.

Pagorum, Sehofen/ Weylaw/ rc.

Regionum, Franckreich/ Franckenlandt/ Welschland/ Polen.

Metallorum, das Gold *Aurum*, Silber *Argentum*, Kupfer *aes cyprium*, *Cuprum*, Zien *Stannum*, Meß *Orichalcum*, Spießglas *Stibium*, Pley *Plumbum*. Queck-silber *argentum uiuum*.

Nomina in umb/ das Hertzogthumb/ *Ducatus*, Bistumb *Episcopatus*: quorum vtrumque de Francia nostra dicitur.

Nomina copiam significantia, das Gebürg *Montana*, das Meer *copia aquarum, quod est mare*, rörich *arundinetum*, Weidich *Salicetum*, *Salictum*, Weinwerck *Vinetum*, das fleisch *Carnes*, das Volck *Populus*, das Heer *Exercitus*, das dorngesteud *Senticetum*, das Schneider-volck *Sartores*, Handwercksvolck *Artifices manuarij*, das geschrey *Clamoris copia*, das sauffen/ fressen/ *crebra ingurgitatio et commessatio, etc.*

IIII.

[E] Verbalia sunt generis foeminini quae desinunt in ung/ als die gedeyung/ oder benedeyung *Benedictio*, Heiligung *Sanctio*, liebung *amatio*, redung/ ver-lassung. Ey/ als die schreiberey/ schläherey *conflictus et peregrina*, als terminey/ Prophezey/ haec possunt etiam in ung verti, als schreibung/ Prophezeyung.

Heit/ verlassenheit/ *derelictio*.

Keit/ als Heiligkeit *Sanctitas*. Sed heit et keit/ potius denominatiua quam verbalia sunt. Ag/ die zusag *promißio*, die klag/ *querela*, etc.

V.

Verbalia in er masculina sunt, et formant foeminina in In/ als der Schreiber/ *Scriba*, die schreiberin/ Koch/ köchin/ etc.

VI.

Verbalia in ig (quae verius denominatiua esse possunt) omnis generis sunt, als sessig *seßilis et seßile*, lebhafftig *uiuax*, sterbhafftig *moribundus, a, um*. Zornig *Iracundus*, schamhafftig *uerecundus*, rechtmässig *Iustus*, hartnäckig *ceruicosus*, widerspenstig / streübig/ streitig *rebellis*, geschwätzig *loquax*, betrigig/ *fallax*.

[E[b]] VII.

Diminutiua omnia in lein terminantur, et sunt neutri generis, siue blandiendi gratia, vel causa contemptus proferamus: das hertzlein *corculum*, mündlein *osculum*, häubtlein *capitulum*, menschlein *homuncio*, steinlein *lapillus*, döctorlein *doctorellus*.

VIII.

Composita sequuntur genus et declinationem simplicium:

1. Als/ der Berg *Mons*, der Prockelsberg *mons Proculi in Harcinia sylua*, der sperberg *mons Nisorom in Franconia*.
2. Der wald *Sylua*, der Odewald *sylua Otthonis interiacens Nicrum et Franconiam*, Staigerwald/ Schwartzwald.
3. Das faß *Vas*, das Butterfaß/ Saltzfaß/ rauchfaß.
4. Die zeit *tempus*, die hochzeit *nuptiae nobis sonant summum hominis tempus*, malzeit *tempus prandij*.
5. Der Mann *Vir*, der ehman *maritus*, Waldman/ *Faunus* etc.

Haec regula amplissima est, et à studiosis nostrę linguae diligentissimè obseruanda, ingenti enim labore per eam subleuantur.

IX.

[E$_2$] Peregrina Latina, et Graeca suum genus retinent.

Masculina: der Notari/ Commissari.

Foeminina: die Creatur/ Natur/ Dignitet/ Station/ Exception/ Legion/ Nation/ Legation/ Passion/ Prophezey/ Mercanzey/ Prouintz/ Cautel/ Cent/ *Centenaria iurisdictio erat, quae olim tantum ad centum incolas extendebatur, hodie uero non obseruatur certus numerus.*

Neutra: das Scamnal/ Manual/ Pedal/ Metall/ Protocoll/ Clauier/ Visier/ sacrament/ jurament/ firmament/ element.

Excipiuntur: der Cristall, *haec Cristallus.* Sed hoc exemplum ad regulam proximam refertur, est enim ellipsis vocabuli Stein/ als der Cristallstein/ wie man spricht Kißlingstain/ gebachen stain/ etc.

X.

Dubij generis sunt, quae recipiunt indifferenter vtrumvis articulum, sed tamen plerumque in diuersis locis et regionibus: als der oder die bach *Riuus*, der oder die schnauppe *catarrhus*, der vnd die tauff *baptismus*, der vnd das mensch *homo*, der vnd das ort *locus*, die vnd das vermächtnus/ *Legatum*, etc.

XI.

Epicoeni generis sunt, quae quadrupedum, [B_2^b] Volatilium, Piscium, reptilium et insectorum, atque etiam herbarum et arborum quorundam, duo genera sub vna terminatione efferunt, als der Pfaw/ *Pauo*: siue foemina, siue mas sit, die Mays *Parix* etc.

Sunt autem herbis et arboribus quibusdam distincta genera, de quibus Dioscorides, Theophrastus et recentiores multi scripserunt.

XII.

Commodè hic numeralia perstringi possunt. Cardinalis enim numeri vnitas per genera mouetur et declinatur, hoc modo:

Masculinum:

N. Einer *Vnus*, etc.			einr.
G. eines/	contra-		eins/
D. einem	ctè,		einm
A. einen/			ein
V. Caret			
A. von einem.			einm.

Foemininum:

N. Eine		ein
G. einer	contra-	einr
D. einer	ctè,	einr
A. eine		ein
V. Caret.		
A. von einer.		einr.

[E3] Neutrum:

N. Eines		eins
G. eines	contra-	eins
D. einem	ctè,	einm
A. eines		eins
V. Caret		
A. von einem.		einm.

Binarius similiter mouetur et declinatur:

	Masc:	Foem:	Neut:
N.	Zween	Zwo	Zwee
G.	zweien	zwoer	zweien
D.	zweien	zwoen	zweyen
A.	zween	zwo	zwey
V.	Caret	Caret	Caret
A.	von zweien.	von zwoen.	von zweien.

i communiter non interponitur geminato ee/ als zweer.

Ternarius declinatur sed non mouetur.

N. Drey/ *tres et tria.*	per omnia genera.
G. dreyer/ *trium.*	
D. dreyen/ *tribus.*	
A. drey	
V. Caret	
A. von dreyen	

[E3b] Assumunt autem articulos: als der ein/ die eine. Sed tum genitiuos in en formant, als des einen/ der einen/ des einen *huius*: per omnia genera: der zweyen *horum duorum*, der zwoen *duarum*, der zweien *duorum*. Item den dreyen *tribus*, per omnia genera.

Reliqua numeralia sunt generis omnis, et non declinantur: als vier/ fünff/ sechs (haec si absolutè ponuntur, formant datiuum et ablatiuum in en, ut si dico: gibs denen fünffen/ *da hisce quinque, subintellige* männern) sieben/ acht/ neun/ zehen/ eilff/ zwölff/ dreizehen/ vierzehen/ fünffzehen/ sechszehen/ sibenzehen/ achtzehen/ neunzehen/ zwentzig/ ein vnd zwentzig, in masculino et foeminino, aber eins vnd zwentzig in neutro genere, zwee vnd dreyßig (analogia dicere iubet dreizig, per zita) quod et Saxones adhuc obseruant) drey vnnd vierzig/ ꝛc. hundert/ *Centum*.

Syllaba zig, semper significat vnitatem decuplo auctam, hundert vnd eins/ hundert vnd zwee/ ꝛc. sic minorem numerum postponis vsque ad ducenta. Deinde eundem numerum praeponis, quia centenarium toties auget, quod illo in se vices continet, als zweehundert *ducenta*, drey[E4]hundert *trecenta* etc. ac si numerus minor denuo per vnitatem crescit, dicito: zweehundert vnd eins/ dreyhundert vnd zwee ꝛc. vsque ad Tausent *mille*, zweetausent *bis mille* ꝛc. et sic in infinitum.

XIII.

Omnia adiectiua, cuiuscunque orationis partis vel speciei sint, si non per tria genera et tres terminationes, er e es mota sunt, generis omnis esse dicuntur, quando verò mouentur, tum quaelibet terminatio suum genus indicat.

DE FIGVRIS.

Figurae nominum tres sunt: Simplex, die schlechte einfalte/ als jung/ roß *equus*. Composita, die zwifache oder zusammengesetzte/ als Jungherr/ Roßkäufer/ Roßtäuscher *Mango*, pflaumfedder *pluma*. Ioannes Kitzinger, elegantiarum studiosissimus, et in componendis vocabulis foelicissimus, nominat aduersarios operum: Glaubprächtige werckkempfer. Item wercklose/ leichfüssige/ rhumreysige/ mundchristen/ quę omnia composita sunt. Decomposita, doppelt gesetzte/ als mitabstellung/ eodem authore, ex praepositionibus mit vnd ab, et ex verbo stellen / mitabstellung / *significat simul et una deponere uel prohibere. Obseruentur autem hae regulae.*

[E4b] I.

Nomina primum componuntur inter se, ex duobus rectis: als mühselig/ *significat, laborando et operando beatum esse.* Item Christselig/ ꝛc.

II.

Nonnunquam verò ex obliquo et recto, als Wirbelskopf/ wirbels genitivus est à nominatiuo Wirbel, *gyrus, uertex.* Das Wirtshauß *domus hospitis*, Wirts genitiuus est, à nominatiuo Wirth *Hospes.* Declinatur autem posterior dictio tantum, siue ex duobus rectis, siue ex obliquo et recto componantur.

III.

Saepe cum praepositionibus componuntur: als dartrungen *penetratum*, beyfellig / *accidens, approbans.* Interdum cum aduerbijs, als wolgewonnen/ *bene honesteque acquisitum.* Communissimè etiam recipiunt syllabicas adiectiones, als: ab/ be/ ge/ an/ er/ bey/ vn/ ver/ ent/ ꝛc. als gedeihung/ absag/ beypflichtung/ entehrt/ veracht. Sed haec potius participia sunt ex compositis verbis nata. Non raro huiusmodi syllabae duae concurrunt, vnuersenglich/ widereinsetzung/ *restitutio*, vngelert/ *indoctus.*

[E_5] IIII.

Literam p, in Latinis vocabulis nos transferimus in pf, et f, in fp, aut in b, quandoque etiam retinetur, ut *Pauo*, pfaw, *Papa*, pfaff/ *Parochia* pfar. Saxones dicunt, paff siue pap/ parr/ ꝛc. sprew *Palea*, pirn unnd birn *Pirum*, prod vnd brod *Panis*, etc.

V.

Sunt quaedam composita, quae syllabas transponunt, nec mutant significationem, Wolfgang vnnd Gangwolff/ Spangrün/ vnd Grünspan/ *uiridis coloris materia.*

VI.

Simplicia quaedam nisi componantur, non admodum recepta sunt, videntur igitur apud maiores nostros in vsu fuisse, nunc verò aboleuisse, als das wörtlein brecht/ quod si rectè iudico simpliciter nihil significat, sed composita significatiua sunt: als lautbrecht/ *euulgatum, in ore omni populo.* Sic etiam Albrecht/ Gumbrecht.

VII.

Simplex u latinorum nostri verterunt in w duplex, als *Villa* ein Weyler.

[E_5^b] DE SPECIEBVS.

Species, figuris non incommodè subiunguntur, cum sint cognata accidentia. Indicant autem species, quanam origine quodlibet nomen nascatur, quas regulis huiusmodi complecti libet.

I.

Specierum alia primitiua, alia deriuatiua est. Primitiua ab alio non descendit, sed per se existit et deriuatiuorum (quę à dialecticis coniugata dicuntur) prima radix et origo est, quippe primum reperta à linguarum inuentoribus. Atque haec in lingua nostra vnam syllabam non excedit, sicut supra dictum est, et postea fortè etiam ostendetur.

II.

A primitiua verò descendit deriuatiua, quae variarum diuersarumque syllabarum est, secundum varias suas species.

III.

Sunt autem deriuatiuorum alia patronymica, alia possessiua, et gentilia, alia denominatiua, verbalia item alia, et diminutiua.

IIII.

[E_6] Patronymica quae à parentum vel authorum, siue patronorum proprijs nominibus ducuntur, non admodum vsitata sunt, dicimus tamen de natis parentum: Er ist ein Karler/ *ex Carolo nempe natus.* Sic etiam de numismatibus, ein Philipser Taler / *à Philippo rege uel iussu eius excussus.* Item ein Julier/ *à Iulio pontifice.* Sic ein Pauler oder Pauliner/ Ein Friedericher *à Friderico signatus.* Ein Lorentzer/ *Laurentianus aureus*, qui à Norimbergensibus excuditur, quorum patronus olim, et nunc ibidem Catholicorum diuus Laurentius libenter erat et credebatur, summaeque ab ijs post Deum et diuam virginem Mariam colebatur. Sic nos dicimur, Bäpstische *à patre nostro Papa.* Christliche *à Christo.* Ita sectarum nomina patronymica sunt. Ein Mahometischer / Luthrischer / Zwinglischer, Caluinischer, Seruetischer, Hugonotischer/ *et si quae aliae infaustis auibus nascentur.*

Formas illas à parentum nominibus deductas, plerumque circumloquimur, als/ Er ist ein junger Carolus/ oder er ist ein anderer Carolus: *Est Iuuenis uel alter Carolus, eodem fermè modo, quo Cicero dixit: Tu es alter ego.*

V.

[$E_6{}^b$] Possessiua et gentilia, significant proprietatem, possessionem patriam et gentem.

1. Horum terminatio primum eadem est, cum omnibus vrbibus oppidis, pagis et nationibus, de quibus aliquem appellamus. Sic in scholis, in aulis, in militia et quotidiana conuersatione, ad VVürtzburgensem dicimus: Würtzburg/ als wann wir sagen/ Johannes oder Georgius Würtzburg/ tales enim à nostra ciuitate apud alios nominantur, qui ex nostris oriundi sunt. Sic appellantur etiam aliqui, Joannes Leypsick/ Petrus Murrhat/ Veit Thúring/ Nickel Hessen/ ab oppidis Leypsick/ Murrhat/ ꝛc. et à nationibus, Thúring/ Hessen/ ꝛc.

2. Deinde etiam in er exeunt, syllaba er adiecta ad oppidorum vel regionum nomina, Merten/ Thúringer/ Leipsicker/ Rómer/ Maylender/ Franckfurter/ Reinlánder/ Schweitzer/ *Heluetius*.

3. Sunt quaedam in isch exeuntia prae reliquis valde vsitata, als Bápstisch/ Rómisch/ Túrckisch Bischoffisch/ Keyserisch/ Fúrstisch/ Gráfisch/ Doctorisch/ Burge[E_7]risch/ Báwrisch Bihisch/ Fránckisch/ Schwábisch/ Sáchsisch/ ꝛc.

4. Nominibus in isch in masculino syllaba er, in foeminino e, in neutro es vel s accidit, als Bábstischer/ Rómischer/ Túrckischer/ Bischoffischer/ Keyserischer/ Fúrstischer/ Gráfischer/ Doctorischer/ Autorfischer/ Spannischer/ Frantzósischer/ Würtzburgischer/ Osterreichischer/ Lutrischer/ Zwinglischer/ ꝛc.

VI.

Denominatiuorum alia substantiua sunt, alia adiectiua. Hęc in genere ita cognoscuntur, ut quandocunque nomen aliquod habeas, quod vnam syllabam excedat et exuperet, cogites illud ipsum esse denominatiuum. Nisi vel patronymicum vel possessiuum, aut gentile, vel diminutiuum, aut verbale sit, horum autem omnium certas habes terminationes.

1. Denominatiua substantiua primum, desinunt in heit: als Keuscheit' Künheit' *Audacia.*

2. Altera terminatio keit est, als verdrießligkeit/ *molestia taedium*, trawrigkeit *tristicia*, süssigkeit *dulcedo.* Quorum primitiua si in vsu non sint, fingenda sunt, ut satis[E_7ᵇ]fiat grammaticae iurisdictioni, sic forte fingenda sunt: die keüsch/ *Castitas*, die kün/ *Audacia*: quia in substantiuo, primitiuo haec et similia nec impressa nec scripta legi, nec audiui. Huius formae multa alia, quae breuitas me omittere iubet, in Lexico commodissimè amplificari et deduci possent. Sciendum autem quod significatio primitiuorum, cuiuscunque terminationis, et eorundem denominatiuorum, in heit/ et in keit eadem sit, ut ex latina interpretatione constat, nam vtrunque horum, der stoltz/ vnd die stoltzheit / *superbiam significat.* Obseruandum pręterea quomodo primitiua à quibus foeminina denominatiua in heit descendunt, plerumque masculina sint.

3. Sed et in el, denominatiuorum quaedam exeunt, als ein fäustel/ *malleus uni manui uel pugno aptus, uox metalloribus usitata, pugnus dicitur*, ein faust/ ein schlägel *malleus*, vom wörtlein ein schlag/ *ictus*: der züchtel/ *educatitius sic artifices natos suos, eodem artificio instructos nominant*: Zucht / *informationem et educationem significat.*

4. Foeminina denominatiua in in à masculinis primitiuis formantur: als der Wolff *Lupus Masc.* die Wölfin/ *Lupa.*

[E_8] 5. Desinunt etiam in er/ als ein schmeigler *adulator*: quorum foeminina similiter in in formantur: die schmeiglerin/ Papierer/ Pappirerin.

6. Est et alia forma, quae adiectiones quasdam syllabicas recipit, et idem significat quod primitiua. Quaedam namque ge à fronte asciscunt, et sunt plerumque neutra, nec certas habent terminationes: als das gebäw/ *aedificium idem significat, quod pri-*

mitiuum der baw / das geläg oder die läg / *manipulus messorum*, das gesträ / vnd das stro Stramen, das gezanck / vnd der zanck / *Rixa*. Haec si differunt à primitiuis: propter copiae significationem fit, quam praeter primitiua notare videntur.

Destituuntur autem primitiuis interdum, quae ut satis fiat etymologiae fingenda sunt: als ein geschöpff *Creatura*, non habet primitiuum schopf. Quanquam enim schopf dicatur, attamen huius nec etymologiae, nec significationis est, significat enim *porticum seu propyleum*: also auch das gedicht *Poëma*, caret primitiuo dicht 2c. Atque haec quae syllabam ge recipiunt, videntur verbalia esse, quia ge augmentum verbale est, [E_8^b] quo si quis referre velit non repugno, quia eundem etiam articulum requirunt, et idem in quibusdam significant, quod infinitiuis verborum, als das gelächter / vnd das lachen / *hoc ridere*.

Quaedam à principio requirunt syllabam ver / als der spruch / *dictum*, *sententia*, der verspruch *promißio*, der satz *positio*, der versatz *oppositio*, *obstipatio*.

Aliquando accedit syllaba an, die gab *donum*, die angab *aura primum donum*, die läg *positio*, die anlag *prima collatio*, *contributio*.

Alia Be postulant, als scheid *diremptio*, *diuisio*, der bescheid / oder entscheid / *responsio*, *causae decisio*.

Quibusdam praefigitur syllaba bey / die läg / *depositio*, *cubitus*, die beylag *concubitus*.

Et syllaba vn / die ehr *honor*, vnehr *Ignominia*. Vides ergo, quod haec omnia composita sint, et in regula tertia supra de figuris docuimus.

7. Desinunt etiam in en / das liecht / die leuchten / *Lucerna*.

8. Nonnunquam autem in umb exeunt, das Bistumb / das Hertzogthumb / Bapstumb / Lutherthumb / 2c.

[F] 9. Est quoque terminatio quorundam sal / als tranckſal / trübsal.

10. Et is / als erkandtnis / verdamnis.

11. Ac demum etiam gam / als Breutigam / *Sponsus*.

VII.

Denominatiua adiectiua, his terminationibus finiuntur:

1. Ig/ als Göttlig/ lieblig *Amabilis*, gröszlig *crudelis*, monatlig *menstruus*. örechtig, et per syncopen örig *auritus*, etc. De his primo sciendum quod terminatio ig, copiam quandam significet, als mächtig, *potens*, qui praepollet et abundat potentia.

Secundo diligentissimè obseruandum est, discrimen inter terminationes ig et ich/ quarum illa nominalis haec vero aduerbialis est, als geistlig *spiritualis*, geistlich *spiritualiter*. Sed hae terminationes à scribis nostris confunduntur, contra orthographiae regulas.

Tertio tenendum, quod syllaba ig, potest omitti in ijs quorum penultima hafft est, als lebhafftig vnd lebhafft/ *Viuax*: sterbhafftig vnd sterbhafft, *moribundus, a, um*.

Atque haec omnia mouentur, per er/ e/ s/ als ein lebhafftiger Mann/ ein lebhafftige [F[b]] Fraw/ ein lebhafftigs Thier/ etc.

2. Est ergo secunda terminatio hafft/ als manhafft *uirilis*.

3. Messig / als Rittermessig / similia, ut mihi videntur Latinis in ester, als *Equester*, Fürstmessig/ *ex principum ordine, quasi diceres principester*.

4. His similia sunt quae in isch exeunt, als Reüterisch/ Fürstisch/ regennisch *pluuialis*.

5. Sam/ als streitsam *pugnax*, forchtsam *meticulosus*, langsam *tardiusculus*, lautsam *canorus*: horum significatio paulo intentior est, quam diminutiuorum in lein.

6. Exeunt quoque in bar/ als fruchtbar/ *faecundus*, streitbar/ *militaris*.

7. Et in In/ als eysin *ferreus*, Papierin *Cartaceus*.

8. Est tandem forma quaedam à verbis neutralibus, ut opinor, descendens, quae assumit syllabam be/ als beröckt *tunicatus*, beweent/ *lachrymis expiatus*,

weenen/ *lachrymari est uocem* wee *saepius et crebro iterare*, beweint *somno uinoque sepultus*, beherẞt *cordatus.*

Sunt et à passiuis descendentia, beritten *de equo equitationi et freno assuefacto*, *uel de equite ad equitandum instructo.* betrogen / *non saltem de eo dicitur, qui falsus est. Sed etiam de illo qui fallen* [F₂] *di astutia instructus est, ut et praepollet.* Beredt, *in orationis materia, de qua diu multumque dictum est, ac simul de perito artis dicendi.*

Haec assumunt etiam syllabam ver/ als ein verlogener, *qui uel per mendacia traductus est, uel qui se ad mentiendum assuefecit*, etc.

9. Possunt autem hae terminationes omnes assumere, tres trium generum terminationes: als' ein geistliger/ geistlige/ geistliges/ ꝛc.

10. His vero numeralia non male connumerantur, quanquam de cardinalibus supra dictum sit.

Distributiua ergo efferuntur ut cardinalia, addita saltem vocula je, quae est repetitio vnius cuiuslibet vicis, vel apposita dictione, jedem/ oder je einem/ in datiuo casu: Je oder jedem/ oder je einem zehen gulden geben/ *hoc est, denos aureos dare*: hac enim singulis eundem numerum distribuunt.

Mouentur autem hae dictiones, als jeder/ jede/ jedes/ Item je einer/ je eine/ je eines/ oder eins/ et declinantur sicut articuli, der die das.

Ordinalia sic se habent: der die das / erst ander drit viert fünst sechst sibent acht [F_2^b] neundt / zehend / eylfft / zwölfft / dreyzehend / vier vnnd zweintzigst / fünff vnnd dreyſigst / hunderst / zweyhunderst / dreyhunderst / vnd erst ꝛc. der Tausentst/ ꝛc.

Haec in concreto mouentur, ein erster/ erste/ erstes/ ersts/ anderer/ dritter/ vierter. Item ein gezweeter/ gezweete/ gezweetes/ gedritter/ gedritte/ gedrittes/ ꝛc. Oder ein zwifachter/ e/ es/ dreyfachter/ e/ es/ *duplus, dupla, duplum, triplus, a, um.*

VIII.

Verbalia deriuantur à verbis et eorum participijs. Sunt autem substantiuorum terminationes:

1. Ing / als einkömling *aduena*, einkomen *aduenire*.
2. Vng/ als rechnung *computatio*, rechnen *numerare*, fliessung *fluor*, fliessen *fluere*.
3. En/ als wolgefallen *beneplacitum*, es gefelt *placet*.
4. Ern/ als ein klippern *crepundia*, ich klipper *crepito uox ex sono facta*.
5. Vr/ die Figur *Figura*, Contrafactur/ Sed haec peregrina sunt.
6. Er/ als Schreiber.
7. Vs/ als gedechtnus/ oder gedechtniß/ ich gedenck *memoro*. Vermachtnis *legatum*. ich vermach' *lego, dono*.

[F3] 8. Adt/ als gestadt, *Statio littus*, vom stehen/ *à Stando, quia littus obstat mari*.

9. Odt/ als gebodt *mandatum*, gebietten/ *mundare*.

Adiectiuorum terminationes sunt:

1. Ig/ als glaubig/ *credulus, a, um*, vom wörtlein der Glaub *Fides*, geschwätzig *loquax*: vnd der gschwatz· *colloquium*.

   Descendunt quaedam ab aduerbijs, heut *hodie*, heutig *hodiernus*, morgen *cras*, ein morgenniger *crastinus*.
2. Lig, Lehr *Doctrina*, gelerlig *docilis*.
3. Isch/ befelch/ gebot *praeceptum*, befelchisch/ gebiet=tisch *praeceptiuus*. Et ab aduerbijs, Hie *hîc*, hieisch/ *nostrâs, seu popularis noster*.
4. Sam/ gnawsam *tenaculus*.
5. Ossen/ verdrossen *piger*.
6. Lecht/ rotlecht *rubeus*, grünlecht *uiridis*.
7. Hafft/ Sighafft *uictoriosus*, Sieghafft *aegrotus*.

Haec omnia, atque his similia possunt per tria genera et tres terminationes moueri, alioquin sunt adiectiua omnis generis.

IX.

Diminutiuorum terminatio lein est, als das Büchlein *Libellus*. Galli in ette et [F 3 b] etto plerumque finiunt, als pucelle filette. Turingi in gen, et Saxones in ken / als männigen / mannicken. Alij in le finiunt, als das selile *animula*, das mänle *Virunculus*, *nanus*. Sed receptissima est terminatio lein. Sunt autem qui lein syllabam pronunciare non satis possunt aut volunt, quapropter diminutiua tantum in el, sed male finiunt, als das männel pro mänlein. Atque haec obseruentur non discendi sed vitandi causa. Caeterum diminutiua deducta à primitiuis in el duplici ll scribi debent, dempta enim syllaba lein, non manerent integra primitiüa, als der schlägel *malleus*, das schlägelein *malleolus*, non recte scribitur, postulat enim duplex ll / als schlägellein / ut ablata syllaba diminutiua, in primitiuum integrum redire possit.

Potest autem omnibus in vniuersum primitiuis syllaba lein accedere, ut diminutiua fiant.

Sequitur forma componendorum et deriuandorum, nominum, uerborum, participiorum et aduerbiorum, à primitiuis suis radicibus, in qua linguae nostrae copia penè inexhausta conspicitur.

[F 4] 1. Sit primitiuum, der Geist *Spiritus*.

2. Epitheta huic addi possunt: Götter / heyliger / hoher / mächtiger / reicher / voller / züchtiger / vnsichtbarer / sanfftmütiger / demüttiger / satter / warhafftiger / jnnerlicher / böser / teüflischer / hoffertiger / vnnützer / stoltzer / eigener / fliegender / flader / schwermischer / schwacher / zerstrewter / vnzüchtiger / sichtlicher / fleischlicher / schlechter / vngleicher / nidriger / fauler / falscher Geist / ꝛc.

3. Deriuatiua possessiua et denominatiua adiectiua, geistlig / geistisch / geistmässig / *Spiritualis*: et forte geistbar / et alia.

4. Denominatiua substantiua: die geistligkeit / *Spiritualitas*: possemus etiam dicere, das geistligthumb /

oder geistumb. Item der Geistler / cuius foemininum est Geistlerin/ *qui uel quae tractat spiritualia.*

5. Diminutiua sunt: Geistlein oder geistellein/ *Spiritulus, Ventulus.*

6. Verbalia: Die geistung / *Spirituatio*, hoc vero in vsu crebro non est. Compositis tamen vtimur, als die eingeistung *inspiratio*, vergeistung *clarificatio, spiritum fieri*: angeistung *aspiratio*, begeistung *donatio spiritus*: außgeistung *amißio et excußio Spiritus.*

[F_4^b] 7. Sic quoque verbum primitiuum geisten componitur: als eingeisten / vergeisten / angeisten / begeisten / außgeisten / ꝛc.

8. Deriuatiuum inchoatiuum fingi potest, ich geister / du geisterst / ꝛc. *incipio esse spiritualis, uel Spiritum traho: ac ni fallor saepe audiui de morientibus.* Er geistert / sie geistern / ꝛc. *hoc est, migrare incipiunt, ex hac carnali uita in spiritualem.*

9. Frequentatiuum etiam tale excogitari posset, ich geistle/ du geistlest/ in Infinitiuo, geistlen, *spirituare*: *Saepè tractare spiritualia.*

10. Participia sunt: Praesens, angeistend *aspirans.* Praeteritum, angegeistet, *aspiratus.*

11. Aduerbia: Geistlich *spiritualiter*, geistlicher *spiritualius*, am geistlichsten / oder geistlichster weise *spiritualißimè.*

12. Composita cum adiectiuis praecedentibus, eadem sunt cum epithetis supra positis: als Göttlicher/ Catolischer/ Römischer/ Teutscher/ Poëtischer geist.

Adiectiua sequentia semper interponunt articulos, der vel ein/ als der geist/ der tröster, *spiritus consolator*, der geist der mechtig/ *spiritus fortis*, der geist der hoffertig *spiritus superbus*, atque haec forma graeca est, [F_5] et appositio vel descriptio dicitur, als der Geist ein reicher/ das ist der reiche Geist.

13. Mutatum primitiuum, substantiuum in adiectiuum, hoc modo recipit substantiua post se, cuiuscunque speciei sint:

Der Geistlig, oder ein geistliger	{	Mann / Streit / Kampff / Ornat / Jrthumb.
Die Geistlig / oder ein geistlige	{	Straff / Bedeutung / Außlegung / Satzung / Person.
Das Geistlig / oder ein geistliges	{	Weib / Wesen / Gütt / Kleyd / Büch / ꝛc.

14. Primitiuum substantiuum in genitiuo casu positum, recipit post se immediatè, alia substantiua, quibus per com[F$_5$^{b}]positionem cohaeret: als / geist lieb / forcht / gab / lehr / art / brauch / námung / beraubung / kunst / gewalt / macht / herligkeit / wehrung / streit / armüt / erleuchtung / erkendtnuß / bereitung / gegenwerdt / beystandt.

15. Componitur etiam cum substantiuis praecedentibus, als:

Schreck Forcht Plag Fluch Freß	} Geist {	*terroris* *metus* *afflictionis* *maledicentiae* *commessationis*	}	*Spiritus.*

16. Atque haec substantiua possunt in participia mutari: als ein schreckender / fürchtender / plagender / fluchender / fressender Geist.

17. Composita cum aduerbio: als geistlich reden / mainen / verstehen / jrren / handlen / leben / deuten / geschriben / gelebt / ꝛc.

Atque de huiusmodi dilatandis formis obseruentur hae regulae.

I.

Primum circumspicias (in omni re quę verbis significari et efferri potest) de primitiuo monosyllabo substantiuo, cuius[F_6]cunque generis sit, etiamsi non semper nec apud omnes Germaniae populos neque in vsu fuerit, sit autem exemplum vsitata vocula: der Krieg / *Bellum*.

II.

Hinc statim cogita de deriuatiuis, et habebis denominatiua substantiua: die Kriegung / oder kriegerey *Belligeratio*. Item aliud in er / als der Krieger / cuius foemininum est, die Kriegerin / *bellator et bellatrix*. Adiectiua verò sunt: Kriegisch oder kriegerisch / kriegmessig / et fortè Krieghafft / atque haec licet omnis generis sint, possunt tamen moueri, ut caetera adiectiua assumptis terminationibus: er / e / es. Sequitur deinde diminutiuum: das Krieglein / *Bellulum, leuis pugna*.

III.

Videndum etiam componat r: als

Kriegs
- Mann /
- Knecht / *Vir stipendiarius uel militaris.*
- Geschrey / *Rumor bellicus.*
- Brauch / *Vsus et consuetudo siue ius belli.*
- Forcht / *Timor belli.*
- Leufft / *Tempora et cursus bellici.*

[F_6] Caeteri postea compositionis modi omnes peruagandi sunt.

IIII.

Sequuntur etiam verba, als kriegen *Belligerari*, bekriegen *bellum inferre*, erkriegen / *bello capere*, durchkriegen / vmbkriegen / *bellis penetrare, et omnia uastare*, außkriegen / *bellis fatigatum et exhaustum esse.*

V.

Hic Synonyma etiam considerentur, idem enim significant: Kriegen / Streiten / Heeren / Kempffen / Fechten / Balgen / ꝛc. quanquam non nihil differre videntur.

VI.

Posthac sequuntur participia, presens Kriegend praeteritum, gekriegt/ ꝛc.

VII.

Hoc loco, ut etiam in declinationibus nominum, et coniugationibus verborum, continua vocalium et diphthongorum inter se mutatio et alternatio obseruanda est: als die höh *altitudo*, hinc adiectiuum, hoch *altus*. Diphthongus ö transit in o simplex, der zorn *ira*, zornig *iratus* hic manet o, der man/ die männing/ oder meng/ *multitudo uirorum*, a hic transit in ä, vel e. [F$_7$] Sed haec et multa alia de diphthongis supra annotata sunt.

DE NVMERO.

Numeri duo sunt: Singularis. der Got. Pluralis, die Götter.

DE CASIBVS.

Casus sex numeramus sicut Latini, in vtroque numero.

DE DECLINATIONIBVS.

I.

Declinationes tres habemus.

II.

Quas ordinabimus secundum differentiam generum, à digniori enim exordiemur.

III.

Prima est nominum substantiuorum masculinorum, foemininorum, atque etiam adiectiuorum quorundam.

IIII.

[F_7^b] Literae terminales huius declinationis sunt.

b Als der knab *Puer*, die reb *uitis*, die stub *hypocaustum*.

d Tod *mortuus, a, um*, adiectiuum, nam substantiuum, der Tod *Mors*. declinationis secundae est, die stud *equa*.

e Omnia nempe adiectiua foeminina, ein todte *mortua*.

f Die kuff *cuppa*, der Aff *Simia*.

g Fressig *edax*.

h Die kräh *cornix*, et ch als der mensch *homo*.

k Der beck *pistor*, mück *musca*.

l Der will *uoluntas*, schnell *celer*.

m Der schwamm *Spongia*, schlim *limus*, fromb *probus*, stumm *mutus*.

n Die pfann *cacabus*.

o Rho *crudus*.

p Der knapp *textor*, à gestu pedum ita dictus, nam verbum knappen/ *in utrumque pedem claudere significat*, die supp *Iusculum*.

r Der narr *Stultus*.

s Die wis oder mat *pratum*.

x Der klux *Singultus, quod sic etiam scribitur* kluckß.

[F_8] y Frey *Liber*.

z Der schmertz *Dolor*, die sultz *Ius congelatum*.

V.

Formatio primae declinationis haec est:

Singulariter:

N. Der Herr/ *Dominus*
G. Des Herren/
D. Dem Herren/
A. Den Herren/
V. O du Herre/
A. Von dem Herren.

Pluraliter:

N. Die Herren/
G. Deren Herren/
D. Denen Herren/

A. Die Herren/
V. O jhr Herren/
A. Von denen Herren.

VI.

Genitiuus regulariter in en exit, quam syllabam crescendo addit nominatiuo. Masculinis verò absolutè positis litera s, super addi potest quandocunque velis, pro eo enim quod in constructione dicitur: des jungen knaben/ des milten Herren/ des todten cörpers/ des krancken menschen/ *absolutè effertur*, des knabens/ herrens/ menschens.

[$F_8{}^b$] Adiectiua foeminina substantiuis annexa absque articulis, quando sunt descriptiones vel praedicata subiectorum, ut dialectici loquuntur: in er formant genitiuos, als: es ist ein Thier sehr heßliger gestalt, *est animal odibilis formae*: heßliger pro heßligen gestalt.

VII.

Datiuus singularis similiter in en exit.

VIII.

Masculina formant accusatiuum regulariter in en.

Foeminina substantiua, similiter en habent, als die stuben/ *hoc hypocaustum*, die brücken *hunc pontem*, die Schnecken *hanc Cocleam*.

Foeminina adjectiua abijciunt n, et retinent e, quae est propria litera foemininorum, vel breuius: Foeminina adiectiua mota habent tres similes casus: Nominatiuum, accusatiuum, et vocatiuum, als/ die kleine *haec parua*, die kleine *hanc paruam*, o die kleine *ô parua*.

Neutra adiectiua (nam substantiua huius declinationis non sunt) similia sunt nominatiuo.

[G] IX.

Vocatiuus substantiuorum in vniuersum conuenit nominatiuo: als der rapp/ *Coruus*, O du rapp *Corue*, die büchs *Pyxis*, O du büchs *ô pyxis*, die lefftz *Labium*, O du lefftz/ ꝛc.

Adiectiua autem in vocatiuo mouentur: als

Weiß Gescheid Lang Mächtig Letst	*in Vocatiuo masculino* ô du	Weiser Gescheider Langer Mächtiger Letster.
	In Vocatiuo Foeminino ô du	Weise Gescheide Lange Mächtige Letste.
	In Vocatiuo Neutro ô du	Weises/ Weiß Gescheides Langes Mächtiges Letstes/ ꝛc.

Rememorandum autem, quod supra dictum est, adiectiua scilicet declinari, sine motione, idque fit ratione articuli: der/ die/ das/ hic enim, si adest, non admittit [G^b] motionem adiectiuorum. Cum vero vocatiuus non habeat articulum, sed aduerbialem quandam exclamandi voculam, idcirco regimen articuli, der die das/ non extenditur ad vocatiuum, cui motio nominum liberè conceditur, quae alijs casibus propter praesentiam articuli, der/ die/ das/ ut supra de articulo, obseruatione duodecima dictum est, adimitur.

X.

Ablatiui terminatio en est, conuenit enim cum datiuo, propterea etiam linguam nostram ablatiuo carere, quidam existimant. Sed quomodo antilogia haec coaequanda sit, sufficienter fortè de articulo dictum est.

XI.

Quotiescunque articulus omittitur, tum ablatiuus et datiuus terminationem articuli accipiunt: Sic in masculino, analogicè dicitur: mit dem grossen eyfer/

sed iuxta hanc regulam. mit grossem eyser. In foemi-nino, regulariter, mit der grossen klag/ verum secundum hanc notationem dicitur. mit grosser klag. Neutra cum masculinis conueniunt.

[G₂] XII.

Pluralis numerus non variatur per casus, sed aptotus est, et in en per omnes casus, ut prima apud Hebraeos in im finitur. Casuum vero differentias articuli indicant.

DE SECVNDA DECLINATIONE.

I.

Secunda est nominum substantiuorum, masculinorum et neutrorum.

II.

Quorum terminales literae sunt:

b Als der stab *Baculus*, das weib *Mulier*.
d Als das bad *Balneum*, der tod *Mors*.
e Als der schnee/ *Nix*.
f Als der schlaff/ *Somnus*, das schaf *Ouis*.
g Als der weg/ *Via*, der stäg *Panticulus*, die stieg *Scala*, *primae declinationis est*.
h Als das Büch/ thüch *Pannus*.
i vel y als das geschrey *Clamor*, gezwey *duellum*.
k Als der geschmack *sapor*, der rock *tunica*.
l Als der Himel/ *Coelum*, der schimmel/ *rancor*, der vnfal *iactura*.
[G₂ᵇ] m Als der raum *spacium*, der rhům *fama*, der stamm *Stemma*.
n Als der Mann/ der Han *Gallus*, das schwein *porcus*, et omnia diminutiua in lein.
r Als Vatter/ wasser *Aqua*, Beschirmer/ *Defensor*, der Chor.
s Als das meß oder maaß *mensura*, das reiß *frons*.

t Als der Haußrhat *suppellex*, schmid *Faber*, der müt *mens*.
w Als das gebäw/ oder der baw.
z Als der beltz *pellis*, der schurtz *supparum*/ der schatz *thesaurus*, der klotz *truncus*.

III.

Paradigma, Singulariter:

N. der Gott/ *hic Deus.*
G. des Gottes/ *huius Dei*, etc.
D. dem Gott/
A. den Gott/
V. O du Gott/
A. von dem Gott.

Pluraliter:

N. die Götter/
G. deren Götteren/
D. denen Götteren.
[G₃] A. die Götter/
V. O jhr Götter/
A. von denen Göttern.

IIII.

Genitiuus regulariter, recto addit syllabam es, exemplum extat in hymno: Pange lingua, etc. Frucht des leibes/ reinen weibes/ ꝛc. Sed intercisio graecis syncope, tollit è medio literam e, ut vsitatius et communius dicamus: Leibs/ Weibs/ Gotts/ Vatters/ ꝛc. Est igitur secundae declinationis nota es terminatio genitiui.

V.

Conueniunt autem in singulari numero omnes casus, praeter genitiuum.

VI.

Pluralis numeri regularitas, ex paradigmate apparet: Variatio autem illius in nominatiuo ita breuiter amnotari potest.

1. Nomina in b aut non crescunt nec mutant terminationem: als der stab *pedum* die ståb *pedu*. mutatio vocalium. indicat variationem numeri. Aut crescunt (quod communius fit), et assumunt syllabam en: als der rab *coruus*, die raben *corui*, der knab/ *puer*, die knaben. Vel syllabam er, als das Weib *Mulier*, die weiber/ das laub *folium*, [G3b] die läuber: das lamb *Agnus*, die låmber: der leib *Corpus*, die leiber/ atque haec quae er syllabam recipiunt, pleraque neutra sunt.

2. Nomina in d, addunt plurali nominatiuo syllabam er/ das bad *Balneum*, die båder *balnea*, das rad *Rota*, die råder/ ꝛc.

3. e, literae nihil accedit, der schnee *nix*, die schnee *niues*.

4. In f, exeuntia similiter aequant singulari, terminationem nominatiui pluralis: der sumpff *haec palus*, die sümpff *hae paludes*, der kauff *emptio*. die käuff, diuersi numeri mutant vocales ut vides.

5. Neque g, mutationem aut augmentum admittit: als der håring *halec uel arenga*, die håring *arengae*, der bücking *arenga passa*, die bücking/ der klang *clangor*. die klång *clangores*, der strang/ die strång *funes*.

6. Aspiratio h, vel litera ch, interdum manet sine augmento, der bruch *fractura*, die brüch. In quibusdam syllabam er assumit: als das bůch/ die bůcher *Libri*.

7. In i exeuntia aequalem reddunt vtrumque nominatiuum.

8. Ita etiam k, als der bock *Caper*, die böck/ hic autem (ut cernis) Vocales tantum mutantur.

[G4] 9. l, similiter vtrumque aequat: der löffel *Cochlear*, die löffel.

10. Sic quoque m, als der stamm/ die ståmm/ der kam/ *Pecten*, die kåm.

11. In n, finita saepè assumunt syllabam en, als der Han *Gallus*, die hanen. Interdum accidit illis er,

als der Mann/ die männer. Nonnunquam nec syllaba, nec litera augetur: als das schwein *Porcus*, die schwein *porci*. Diminutiua aptota sunt, et indeclinabilia praeter genitiuum singularem, cui literam s adijciunt.

12. r, manet in plurali, der Vatter/ die vätter/ das wasser *aqua*, die wässer *aquae*, der Chor/ die Chör/ das Meer/ die meer. Quedam tamen asciscunt literam n, als/ der Vetter *Patruus*, die Vettern.

13. s, interdum syllabam er, assumit, das reiß *ramus uel frons*, die reiser/ das faß *uas*, die fässer *uasa*. Nonnunquam autem, sed raro, non crescit s, als das maß *mensura*, die mäß *mensurae*, etc.

14. t, augetur syllaba er, das gemüt *Mens*, die gemüter *mentes*, das liecht *Lumen*, die liechter/ das bret *Asser*, die bretter. In quibusdam tamen equalis est, vtriusque nominatiui terminatio [G4b] als der haußraht *suppellex*, die haußräht/ der schmidt/ die schmidt.

15. w, duplex vniformiter finit vtrumque nominatiuum: der baw *aedificium*, die bäw *aedificia*.

16. Sic etiam z, als der schatz *thesaurus*, die schätz *thesauri*, etc.

VII.

Genitiuus syllabam en, vel literam n (si desint) in fine nominatiui apponit: als/ dern Göttern/ reisern/ männeren/ oder per syncopen, männern. Vbi verò n, in fine nominatiui reperitur, tunc nulla alia accessio fit in genitiuo: als die schwein / *porci*, dern schwein *porcorum*.

VIII.

Similis est datiuus et ablatiuus genitiuo, sicut accusatiuus et vocatiuus nominatiuo.

DE TERTIA DECLINATIONE.

I.

Tertia declinatio est foemininorum tantum.

II.

[G₅] Huc referuntur primitiua et deriuatiua desinentia in:

b Als die farb *Color.*
d Als die magd *Ancilla*, die red *oratio.*
f Als die tieff *profunditas*, die Tauff *Tinctio.*
g Als die wag *Libra.*
h vel ch, als die schmach *Ignominia.*
i vel y, die Schreiberey *Scriptio*, verbalia sunt.
l Als die schindel *scandula*, die weil *tempus.*
m Als die scham *pudenda.*
r Als die schnur *filum, lorum.*
s Als die nuß *nux.*
t Als die art *natura*, kunst *ars*, axt *securis.*
u Als die thu/ rhu *quies.*
w Als die saw *sus*, rew *poenitudo.*

III.

Sequitur schema declinationis.

Singulariter:

N. Die Farb/
G. Der farb/
D. Der farb/
A. Die farb/
V. O du farb/
A. Von der farb.

Pluraliter:

N. Die farbe/
[G₅b] G. Dern farben/
D. Denen farben/
A. Die farbe/
V. O jhr farbe/
A. Von denen farben.

IIII.

In singulari numero aptota est haec declinatio. Pluraliter verò similiter finit nominatiuum, accusatiuum et vocatiuum. Conformat deinde genitiuum, datiuum, et ablatiuum, sicut graecorum dualis numerus, in omnibus declinationibus.

V.

Generalis obseruatio non malè hic annectitur. Saepe enim accidit metathesis: als die leffel / vnd leffle. Non raro etiam e, litera, multis omnium declinationum nominibus accedit, quam adimere necesse est, si etymologiam inquirere velis, als die rede pro die red/ atque ea Proparalepsis vel Paragoge literae e, in rithmis plerumque contingit, etc.

[G_6] DE DEFECTIVIS.

Commonefaciendum esse tyronem existimo, quod non sollicitè in omnibus vtrumque numerum, vel omnes casus inquirat. Videntur enim quaedam esse defectiua, quale est: Der frid/ *Pax*: Die friden *Paces* non audiui, ablatiuus tamen pluralis in vsu est, als: Inn oder mit friden. Also auch die rhů *Quies*, plurali caret, praeter ablatiuum mit rhuen. Atque etiam vocula, Todt/ *Mors*, pluraliter deficit, vnd der schlaff/ *Somnus, etc.* Sic fortè multa alia diligenti Grammatico accurrent, quae dante Deo et concedentibus iniquorum hominum impedimentis, diligenti quadam inquisitione colligam, nisi id praestiterint alij.

Diminutiua sunt *ὁμοιόπτωτα*, praeter genitiuum singularem, qui sibi literam s in fine postulat, etc.

[G_6^b] DE PRONOMINE.

PRonominum quędam pro nomine ponuntur, quaedam videntur per se consistere, etsi substantiua non sunt, sic dicimus abstractè in adiectiuis neutris: das meine oder meinige *meum, id est substantia mea, tuum* das deinige / du bist vnser *noster es, scilicet amicus, etc.* Sed haec Theorica potiùs quàm practicabilia sunt.

Enumerantur autem Pronomina.

Jch/ *Ego.*
Du/ *Tu.*
Er/ Der/ *Is, Ille, Iste.*
Welcher/ *Quis* } *haec potius nomina sunt.*
Wer/ welcher *Qui*
Jch } selbst *Ego* } *ipse.*
Du } selbst *Tu*
Der } selbst *Ille*
Der } *Hic articulus est.*
Diser
Mein *Meus,* } *a, um.*
Dein *Tuus,*
Sein *Suus,*
Welcher/ *Cuius.*
[G7] Vnserer/ *Noster.*
Ewerer/ *Vester.*
Jhrer/ *Illester, fingenda est uox tertiae personae.*
Welcherley/ oder welchens/ vernimm/ lands/ geschlechts/ ꝛc. *Cuias.*
Vnseriger/ *Nostras.*
Eweriger/ *Vestras.*
Jhriger/ *Illestras, si fingere licet barbarismum.*

Accidunt pronomini: Species, Significatio, Genus, Numerus, Figura, Persona, Casus, Declinatio.

Species duplex est: Primitiua, Vrsprünglige/ Anfenglige/ als: ich/ du/ er/ der/ ꝛc. Deriuatiua. die auß der vorigen herfleust/ als meiner/ descendit ex genitiuo meiner/ vnser deriuatur ex genitiuo vnser à primitiuo ich/ ꝛc. Verum scholis haec committenda sunt.

SIGNIFICATIO.

Demonstratiua sunt: die etwas gewises vnd bißweilens gegenwertigs bedeuten/ als: Jch/ du/ der.

Relatiua: die etwan auff einen abwesenden/ vnd auch gegenwertigen gezogen werden/ als: welcher *Qui*, er/ er selbst.

[G7b] Interrogatiua: Fragende/ wer/ welches/ welcherley.

Possessiua: Jnhabende/ besitzende/ als mein/ dein/ sein/ vnser/ ewer/ jhr.

Gentilia: Geſchlechtlige Ländlige/ artlige/ parteyiſche ſectiſche/ als vnſerig/ ewerig/ jhrig.

GENERA.

Wer/ welcherley oder weſſen/ ich/ du/ mein/ dein/ ſein/ vnſer/ ewer/ jhr/ vnſerig/ ewerig/ jhrig/ sunt generis omnis, atque haec (praeter interrogatiua wer/ welcherley/ oder weſſen/ et duo haec primae ac secundae personae, ich/ du/) mouentur per tria genera et tres terminationes.

Mouentur et haec:

Welcher	welche	welches, *qui, quae, quod.*
Der	die	das, *hic, haec, hoc.*
Er	ſie	es, *is, ea, id.*
Diſer	diſe	diſes, *hic, haec, hoc.*
Jener	jene	jenes, *ille, illa, illud.*
Derſelbig	dieſelbige	daſſelbig, *is, ea, id.*
Welches	welcher	welches, *cuius, cuia, cuium.*

Numeri duo sunt: Singularis, et Pluralis.

[G_8] Personae tres: Prima, Ich. Secunda, Du. Tertiae, sunt reliqua omnia.

Casus sex sunt: Vocatiuo tamen pleraque carent.

Figura duplex est: Simplex, als ich, du. Composita, die geſamlete/ geſtückte/ quae constat. Primum ex pronominibus: Sic enim in interrogationibus dicimus: ſolt ichn/ dun/ dern/ wirn/ jhrn/ dien/ haben? *num ego, tu, ille, uos, illi, eum habeant*, ichn/ pro ich jhn/ ꝛc. Similiter in foeminino, hat ers/ pro ſie genommen? *Duxitne illam.* Et in neutro, ſchreibt ers pro er es/ *Num ipse hoc scribit?* Haec compositio imperatiuis valde vsitata est: als nembts/ pro nembt es, *accipite hoc.* Et in obtestationibus execrationibus, et aposiopesibus: als/ ja wann ichs thů/ *si fecero*: jchs pro es oder das. Plus vero compositio haec in quotidianis colloquijs auditur, quam scribitur, et verius contractio quam compositio dicitur.

Deinde accedunt aduerbia, als/ duda/ dudoch/

derda / derdoch / *Tute uel tuthîc, isthîc*, eben er / *planè ipse, etc.*

[G8b] Sed haec non curiose disquirantur, cum potius barbaris quam cultioribus vsitata sunt.

Declinatio.

Declinationes quorundam pronominum à nominibus variant, quapropter formas eorum integrè trademus.

Ich / Ego:

Singulariter:

N. Ich/ *Ego.*
G. Meiner/ *Mei uel mis*, als: erbarm dich meiner/ seiner/ *Miserere mei, sui*: per apocopen dicitur mein/ als: erbarm dich mein/ sein/ 2c. In compositione habet, meinet/ propter Euphoniam, als meinethalben, *ex tali re, uel parte mea.* Saxones die seyten *latus nominant* die halb.
D. Mir/ per epenthesin mier *mihi.*
A. Mich/ *Me.*
V. Caret.
A. Von mier / *à me*, malè dicunt Belgae von mich, cùm me latinum aequè sit accusatiui atque ablatiui casus.

[H] Pluraliter:

N. Wier/ *Nos.*
G. Unser/ Nostrum, differt ab unser, *quod est noster*: at in compositione dicitur unsert / als: unserthalben / unsertwegen/ *propter nos.*
D. Uns/ *Nobis.*
A. Uns/ *Nos.*
V. Caret.
A. Von uns.

Singulariter:

N. Du/ *Tu.*
G. Deiner/ deinet/ in compositione.
D. Dir/
A. Dich/
V. O du/
A. Von dir.

Pluraliter:

N. Ihr *Vos.*
G. Ewer/ ewert in compositione.
D. Euch/ *Vobis.*
A. Euch/ *Vos.*
V. Oh ihr.
A. Von euch.

[H_b] Wer Welcher/ *Quis, Qui.*

Singulariter:

In genere

Masculino.

N. Wer/ welcher/
G. Wessen/ weß/ welches/
D. Wem/ welchem/
A. Wen/ welchen/
V. Caret.
A. Von wem/ welchem.

Foeminino.

N. Welche/
G. Welcher/
D. Welcher/
A. Welche/
V. Caret.
A. Von welcher.

Neutro.

N. Welches/ vsitatius welchs/
G. Welches/ welchs/
D. Welchem/
A. Welchs/
V. Caret.
A. Von welchem.

[H_2] Pluraliter:

Masc. Foem. Neut.

N. Wer/ welche/
G. Welcher/
D. Wenen/ welchen/
A. Wene/ welche/
V. Caret.
A. von wenen/ welchen.

} per omnia genera.

Welches *Cuius*, welcher *Cuia*, welches *Cuium*, non declinantur: sunt enim genitiui à pronomine welcher *quis uel qui*, descendentes.

Welcherley *Cuias, similiter non declinatur.*

Sequitur autem declinatio reciproci: Er/ *Is.*

Singulariter:

	Masc.	Foem.	Neut.
N.	Er/ *Is.*	Sie *Ea.*	Es/ *Id.*

Hic nominatiuus nobis reciprocè in usu est, quem Latini inter relatiua recensent.

G.	Seiner/ *Sui.*	Ihr/	Seiner/
D.	Ihm/ *Sibi.*	Ihr/	Ihm/
A.	Sich/ *Se.*	Sich/	Sich/
V.	Caret.	Caret.	Caret.
A.	Von sich oder jhm.	von jr oder sich.	von sich oder jm.

[H_2^b] Hic ablatiui loco indifferenter datiuum, more nostro aut accusatiuum consuetudine Belgarum et Saxonum repetimus.

Pluraliter:

	Masc.	Foem.	Neutro.
N.	Sie/ *ij, eae, ea.*	*conueniunt tria genera.*	
G.	Ihren/ vnd jhr *sui.*		
D.	Ihnen/ *sibi.*		
A.	Sich/ *se.*		
V.	Caret.		
A.	Von jhnen vnd sich.		

Der vnd dieser/ articuli supra declinati sunt. Reliqua pronomina, als: mein/ dein/ sein/ vnser/ ewer/ jhr/ vnserig/ ewerig/ jhrig/ moueri debent per tria genera et tres terminationes, er/ e/ es/ postea hoc modo declinantur:

Singulariter:

	Masc.
N.	Meiner/ *Meus.*
G.	Meines/ meinen/
D.	Meinem/
A.	Meinen/
V.	Oh mein/
A.	von meinem.

[H3] Foem.
N. Meine/
G. Meiner/ vnd meinen/
D. Meiner
A. Mein
V. Oh mein
A. Von meiner.

Neut.
N. Meines
G. Meines
D. Meinem/
A. Meines/ meins/
V. Oh mein/
A. Von meinem.

Pluraliter:

Masc.	Foem. & Neut.
N. Meiner/	per omnia genera.
G. Meiner/	
D. Meinen/	
A. Meine/	
V. O meine/	
A. von meinen.	

[H3b] DE VERBO.

VERBVM aut agi aut pati aut neutrum horum significat. Et est duplex: Personale, cui nominatiuus certae personae praeponitur: als ich schreib/ *Ego scribo*, ich geh/ *Ego uado*. Nullum enim personale finitum verbum, sine certo praecedenti nomine vel pronomine effertur, quod tamen apud Latinos non raró per figuram Ellipsim fit, non enim dicimus, schreib *scribo*, schreibt *scribit*: sed potius, ich schreib / er schreibt / ꝛc. Imperatiuum autem nonnunquam destituimus nominatiuo, als / geh bring / *uade adfer*.

Impersonale tantum in tertia persona singulari, omnium temporum et modorum effertur. Sicut autem duplex est Latinis, Actiuae videlicet et Passiuae vocis, ita quoque nostris impersonalibus duplicia vocabula praeponuntur. Ijs enim quae Latinis actiua sunt, articulus es, ab initio accedit, als: es thůt/ *Facit*, es gereuwet/ *Poenitet*, es nutzt/ *Refert*, es pflegt *Solet*.

Huius formae etiam sunt illa verba, quae latinis exemptae actionis dicuntur: [H_3] als/ es regnet *Pluit*, es schneet *Ningit*. Obseruandum ergo quod relatiuum neutrum es supra articulis annumeratum, non propriè nominibus, sed verbis praeponatur.

Reliqua vero, quae latinis Passivae vocis sunt, accipiunt dictionem Mann / *id est Virum*. Et cum sit potioris sexus, sumitur igitur pro quolibet homine, vt si dico man list *Legitur*, significare volo, quod aliquis homo, vel multi fortè homines legunt, cuiusuis sexus sint.

Adeo autem sollicita est lingua nostra de constructione, ut ne impersonalia verba praecedentibus, suis nominatiuis destituat, veluti exemplis iam demonstratum est.

Verbo accidunt.

Genus, Species, Tempus, Modus, Figura, Persona, Numerus, Coniugatio.

DE GENERIBVS.

Tria sunt genera: Actiuum, Passiuum et Neutrum.

[H_4^b] Actiuum actionem significat, qua significatione facilè intelligitur, nec opus est terminationes eius hîc recensere, actiua sunt: Ich send *Mitto*, ich bitt *Rogo*, ich gib *Do*, etc.

Passiuum aliud nihil est, in omnibus suis modis et temporibus, nisi praeteritum actiuum: als / Ich hab gesendet *misi*, ich werd gesendet *mittor*, ich hab gebetten *rogaui*, ich werd gebetten *rogor*, ich hab gegeben *dedi*, ich werd gegeben *dor*: quod Latini vna voce non dicunt. Assumunt autem passiua neutropassiuam vocem: ich werd *Fio*, et substantiuum verbum: ich bin *Sum*, in diuersis tamen et districtis temporibus, qua de re postea agemus.

Neutra terminationes actiuis similes habent, et aut actionem propemodum significant: als ich steh *Sto*, ich lauff *Curro*, ich scheel *Limo*. ich ziel oder scheel ahn *collimo*. ich schreit *Gradior*, ich schweb / schweben *aēre commoueri*, et se ipsum agitare significat, quod de auibus de Deo, de angelis et de anima hominis tandem dicitur, cum endelechiam eius exprimere volumus. Aut propius ad passiuam significationem accedunt, als ich hitz / oder ich bin [H_5] warm *Caleo*, ich frier, oder mich frewrt / oder ich bin kalt *Frigeo, frigidus sum*: ich werd *Fio*, ich wachs *Cresco*, ich dürst / oder mich dürst / *quod alibi efferunt*, mich trinckert *Sitio, bibiturio*, inchoatiuè. Aut prorsus neutralem significationem habent: als ich rhů / *Quiesco*.

DE SPECIE.

Species duplex est: Primitiua, ich grab *Fodio*. Deriuatiua, ich grůble *crebro fodio*.

Deriuatiuorum quaedam sunt inchoatiua, diminutiuis similia, sicut enim à minimis participijs res quaelibet inchoantur, ita etiam initia earum, diminutiuis verbulis plerumque efferuntur. Exeunt autem verba huius formae, ut plurimum in le/ als ich fließ *Fluo*, hinc diminutiuum et inchoatiuum: ich fließle *Fluesco*, ich alt *Adolesco*, ich ältle *incipio adolescere*: ich brenn *Ardeo*, ich brensle *ardesco*. Hunc in modum possunt multa inchoatiua et diminutiua fingi, vtantur autem Periphrasi, quibus haec res difficilis videbitur: als ich heb an zu brinnen / *initium sumo uel incipio ardere*. Diminutiua vero sic circumloquimur: ich schreib ein wenig, *scribo parum*, quia fortè [$H_5{}^b$] non dicitur, neque enim audiui, ich schreible/ *scripturio*. Nemo autem prohibetur ex necessitate huiusmodi vocabula fingere.

Frequentatiua in le, ut primum etiam terminantur: als ich schneid *Scindo*, ich schnitzle *Scintito, sculpo*.

Sunt quaedam primitiua, frequentatiuorum significationem habentia: als ich Renn *Equum conciatißimè agito, obequito*. ich sauff / *frequenter bibo*, ich friss *crapulor*, etc.

Imitatiua in er exeunt. als ich Vetter mich *Patrisso*, ich Weinser oder weiner *oleo uinum*, ich älter *oleo uetustatem*, de farina vino frumento et alijs id genus rebus dicitur: ich Meichsner *Misnisso*. ich Lateiner *Latinizo*. *mores uel linguam Misnensium et Latinorum sequor*.

Meditatiua (si nobis modo sint) frequentatiuis annumerantur.

DE FIGVRIS.

Figurae tres sunt: Simplex, als reitten *Equitare*. Composita, wol bereitten / *benè decenterque equitare*. Decomposita, wolbereiten *Equitando, uel ad equitandum benè instruere*. *Cogito*, ich denck / ich gedenck / ich fürdenck.

|H6| I.

Componuntur autem verba primum cum praepositionibus, als außlesen *perlegere*, durchaußlesen *penitus perlegere*.

II.

Deinde cum syllabicis adiectionibus: an ab/ be/ ein/ ent/ er/ für/ vn/ zer/ zu ꝛc. quas supra de nomine etiam recensuimus, eadem enim nominum verborumque componendorum ratio est, et ab his compositis verbis nomina illa vel potius participia composita descendunt, als seufftzen *Gemere*, erseufftzen *ingemiscere*, beseufftzen *Lugere*, ich flieh *Fugio*, ich entflieh *effugio*, thun *facere*, abthun *interficere*, *sacrificare*, werfen *Iacere*, zerwerffen *disijcere*, zerworffen *disiectus*, etc.

III.

Est autem ordo et ratio compositionis consideranda. Nam, be / ent / vn / zer / et similes syllabae quae praepositiones inseparabiles dici possent, verbis ab initio cohaerent, entziehen / *auferre*, etc.

IIII.

Reliquae syllabae cum prępositiones sint, als: auß/ ein/ in/ wider/ ab/ zu/ et similes [H₆ᵇ] ab initio et fine consistere volunt, sed non indifferenter in omnibus modis temporibus aut personis, quod in lectionibus et dicendi vsu animaduertendum erit. Infinitiuus tamen plerumque ante se recipit componendas syllabas: als anschmeichlen/ *in faciem adulari*, zernichtigen *annihilare*, eintauffen *baptismo*, *ecclesiae inserere*, außtreiben *eijcere*, nisi homaeoteleuta rithmorum Anastrophen requirant: als treiben auß/ dencken für pro fürdencken / *praemeditari*.

De personis.

Personę tres sunt, ut apud Latinos.

De numeris.

Numeri item duo ut Latinis.

De temporibus.

Vtimur etiam quinque Latinorum temporibus.

De modis.

Totidemque habemus, quot Latini modos.

De coniugatione.

Breuitas et facilitas nostratis linguae tantum unam admittit coniugationem. Quanta verò hîc sit copia prolixitas et perplexitas Latinorum, Graecorum et [H₇] Hebraeorum omnes docti norunt, omnesque studiosi summè deplorant, et maxima cum indignatione ac nausea discere coguntur.

Sequitur paradigma actiui verbi.
Indicatiui, tempus praesens.
Singulariter.

Persona:	1 Jch hab/ *Habeo.*	
	2 Du habest Syncope habst	et vsitatissimè hast.
	3 Der habet Syncope hat.	

Pluraliter.

Wir haben/	*per Syncopen rithmis usitatum.*	hân.
Jhr habt/		habt.
Die haben		hân.

I.

Primum nota quod Pronomina omnibus verbis suarum personarum prȩponuntur, als ich sing latinè *Ego cano*, du hörst/ *tu audis*. der vrtheilt *hic uel ille iudicat*.

[H_7^b]

II.

Obseruandum deinde, quod omnia simplicia primitiua verba, in prima indicatiui praesentis temporis persona, monosyllabica sint: ich red *Loquor*. ich ler *Doceo*, ich streit *Pugno*: quibus vel propter orationis numerum, vel propter rithmos et nostrum genus versuum, aut etiam in cantilenis. et nonnunquam ex consuetudine litera e accedit, als ich Rede Lere Streite &c. quae litera in communi quotidianoque vsu dicendi non exprimitur. nisi orationis grauitas requirat. Idque seruatur in alijs omnibus verborum temporibus et personis, et in omnibus orationis partibus: als / vnde als er jhne eigentliche gefraget hette / sprache vnde antworttette jener jhme hinwider / quae ita simpliciter leguntur: vnd als er jhn eigentlich gefragt hett / sprach vnd antworttet jener jhm hinwider/ &c.

III.

Sunt et syncopae seu concisiones vocabulorum diligenter obseruandae, vsitatiores enim nobis sunt, quam analogia ipsa, praecipuè in polysyllabis. als die baweten/ *Concisè*. bawten *aedificabant*.

[H_8] IIII.

Vtimur autemp aradigmate verbi, ich hab *Habeo*: quia praesens et imperfectum eius, alijs verbis actiuis et neutris omnibus, in tempore perfecto et plusquamperfecto, tanquam auxiliare et expletiuum verbum praeponitur, ad iuuandam significationem et absoluendam perfectam sententiam, quod sine hoc verbo fieri nullo modo potest.

Imperfectum.

Singulariter.
Ich hett/
Du hettest/ hetst/
Der hette/ hett.

Pluraliter.
Wir hetten/ hettn.
Ihr hettet/ hett.
Die hetten/ hettn.

I.

In alijs linguis alia tempora à praesenti variant, nostra vero in imperfecto, ut etiam graeca quodammodo, prȩsentis characteristicas vocales mutat.

1. A, Prȩsentis in imperfecto interdum manet, als: ich schlacht *ferio macto*, videtur esse [H_8b] frequentatiuum: vom schlahen/ *à percutiendo*, in imperfecto, ich schlachte *mactabam*, ich mach *Facio*, ich machte *faciebam*. Nonnunquam transit in á et in e simplex, ut hic: ich hab/ ich hette. In quibusdam transit in i, als ich schlaf *dormio*, ich schlieff *dormiebam*. Interdum etiam in u/ als ich schaff/ *Creo*, *Iubeo*, ich schuff *creabam*.

2. E, communiter manet: als ich merck *Obseruo*, ich merckte *obseruabam*, ich denck *Cogito*, ich denckte *cogitabam*, *habet etiam* ich dachte. E, quandoque transit in a, als ich eß/ *Edo*, ich aß *edebam*, ich meß *Metior*,

ich maß *metiebar*, ich vergeß *Obliuiscor*. vergaß ich leß *Lego*, laß.

3. J, plerumque manet, als ich flick *neo, suo*. ich flickte *suebam*. ich spil *Ludo*, spilte/ misch *misceo* mischte. Transit autem aliquando in a, als ich bind *Ligo*, ich bandte *ligabam*, ich sprich *Loquor*, ich sprach/ ich brich *Frango* ich brach. Raro etiam in u mutatur, als ich schind *deglubo*, ich schunde.

4. O, manet: als/ ich klopff *Pulso*, ich klopffit *pulsabam*, ich lob *Laudo*, ich lobt.

5. W, manet: alß ich tunck/ *Tingo*, ich tunckt *tingebam*.

[I] 6. Manet ä, als ich kräh/ *Gallicinium imitor*, ich krähte/ ich schmäh/ *Criminor*, ich schmäht.

7. au, interdum manet, als ich tauff/ *Tingo*, ich tauffte/ in quibusdam mutatur in i, vel ie/ als ich lauff *Curro*, ich lieff *currebam*.

8. aw, manet, als ich schaw *Tueor*, ich schawt *intuebar*.

9. ei, manet, als ich theil *Diuido*, ich theilt *diuidebam*: plerumque tamen in i transit, als ich schneid *Scindo*, ich schnidt/ ich schreib/ ich schrib/ ich schein *Luceo*, ich schinn/ ich beiß *mordeo*, ich biß *mordebam*, ich reib *Frico*, ich rib *fricabam*.

10. ew, manet, als ich new *Nouo*, ich newet *nouabam*.

11. ey, manet, ich frey *Libero*, ich freyet *liberabam*: mutatur autem interdum in i, als ich leid *Patior*, ich lidt.

12. ie, interdum manet, als ich lieb *Amo*, ich liebt *amabam*, non raro autem in o, uel in ou mutatur, als ich bieg *Flecto*, ich bog uel ich boug *flectebam*.

13. i, simplex manet, als ich stifft *Fundo*, ich stiffte *fundabam*.

14. ö, manet, als ich töd *Mortifico*, ich tödt *mortificabam*.

[I^b] 15. ú, Gallicum manet, als ich trúck/ quod alij per simplex u, in praesenti efferunt, als ich truck: *Premo, imprimo, excudo*, ich truckte, *imprimebam*, etc.

Has transitiones vocalium diphthongorumque raptim colligere placuit, plures vero vsus et exercitatio dabit.

II.

Terminatio imperfecti, ut plurimum t est, exceptis paucis, als ich schliess/ ich vergaß/ ꝛc. non raro autem e litera in fine accedit, als ich theilte / ich schliesse. Non ergo numero syllabarum, secundum analogiam crescit.

III.

Regularitas verbi, ich hab/ imperfectum hoc modo format:

Ich hebt/	Wir hebten/
Du hebst/	Ihr hebtet/
Der hebt.	Die hebten.

Verum b litera propter euphoniam è medio tollitur.

Praeteritum perfectum.

Sing.		Plur.	
Ich hab/	gehabt.	Wir haben/	gehabt.
Du hast/		Ihr habt/	
Der hat		Die haben	

[I₂] I.

Characteristicae praesentis interdum manent in praeterito:

a als ich rhat *Consulo*, ich hab gerahten/ *consului*.
e als ich ler/ ich hab geleret.
i als ich spil / ich hab gespilet / ich hab geschimpfet *Lusi*. in quibusdam transit in o, als ich sprich/ brich/ triff/ ich hab gesprochen/ gebrochen/ getroffen. In alijs verò in u, als ich trinck *Bibo*, kling *Clango*, bind *Ligo*: ich hab getruncken/ geklungen/ gebunden.
o als ich lob/ *Laudo*, ich hab gelobet.
u als ich murr *Murmuro*, ich hab gemurret. Sed pauca sunt quę hanc characterem habent.
á als ich hárn *Pilos amitto, tero*, ich hab mich gehároet.
au als ich rauff *Vellico*, ich hab gerauffet.

aw als ich klawb *Colligo*, ich hab geklawbet.
ei als ich theil/ ich hab getheilet. Interdum mutatur in i simplex, als ich schneid *Scindo*, ich hab geschnitten.
[I_2^b] ew als/ ich rew/ ich hab gerewet/ *Poenituit.*
ey als/ ich hab gefreyet.
ð als/ ich hab getödtet.
ü als/ ich künd *Nuncio*, ich hab gekündet.
ú als/ ich schmúck *Orno*, ich hab geschmúcket/ ꝛc.

II.

Omne praeteritum simplex primitiuum, nostrate, hoc est, quod non est peregrinum, trisyllabum est: als ich hab gedichtet/ *Cogitaui, mentem agitaui*, ich hab gethaen *Feci, contractè* gethan/ *Facio* ich thů. Peregrinum suas syllabas retinet: als ich terminir/ ich hab geterminiret.

III.

Prima praeteriti syllaba semper est augmentum ge, et simplicibus omnibus praefigitur: als ich eyl *Festino*, ich hab geeilet *festinaui*, quod in plerisque peregrinis quoque obseruatur: als ich studier *Studeo*, ich hab gestudieret. Sueui, Bauari, et Austriaci augmentum ge, in peregrinis libenter omittunt: als ich hab studirt/ judicirt/ atque etiam in nostratibus verbis, quae peregrinorum formas habent: als/ ich hab gehofiert/ vnd hofiert/ *Morem aulicum ostentaui, praestiti, adulatus sum, in faciem mini*[I_3]*straui, candorem et hilaritatem simulaui*, hofieren/ *descendit à uocabulo* hof, *id est aula, qui enim simulare nescit, aulice uiuere nequit, quia nulla unquam fuit aula, sine fuco et dolo.*

IIII.

Verbis à g, litera incipientibus, iam nominati populi raró praefigunt augmentum ge, quod enim aliqui dicunt: ich hab geglaubet/ ich hab gegrinnen/

gegrüſſet / geglungen / illi simpliciter efferunt, glaubet / grinnen / grüſſet / glungen / quod si augmento vti velint, per syncopen, literam e saepissimè elidunt, et quod analogicè effertur geleret / geſaſſet / illi figuratè dicunt gleret / gſaſſet / ꝛc.

V.

Composita pleraque augmentum ge non recipiunt, ich vmbgeb *Circundo*, ich hab vmbgeben / nec dicitur: ich hab vmbgegeben / ich bemüh *Molesto*, ich hab bemühet / nec dicitur, ich hab gebemühet vel begemühet.

Attamen fortè quaedam reperiuntur, quae praecipuè cum dictione an componuntur, et augmentum ge admittunt: als ich anmaß / vel per anastrophen, ich maß an *Audeo aggredior*, in prȩterito, ich hab angemaſſet / ꝛc. Et cum praepositione auß / [I$_3$^{b}] als / ich außſchlah / vsitatius, ſchlah auß / *Excutio, dirimo*, ich hab außgeſchlahen.

Huiusmodi dicendi formae non sunt composita verba, sed integrae phrases, quae constant ex verbis, et aduerbijs, als ich hab zuruck geloffen, *retro cucurri*, ich bin hinweg gegangen oder geraiſet *peregrè abij*. Praeponuntur enim his verbis augmenta, quia simplicia manent.

VII.

Media syllaba (quae si syncopen patitur posterior fit) semper est radicalis, et thematis originem indicat: als ich hab gedecket / oder concisè gedeckt *Tegi*, ich deck *Tego*, praesens est.

Si mutata characteristica vocalis vel diphthongus, occurrit in praesentis characterem transformanda erit, si primam indicatiui praesentis temporis personam desideres, exemplum sit praeteritum, ich hab geſungen *cecini*, ſung est quidem media et radicalis syllaba. Sed quia in prima praesentis persona non dicitur ich ſung / verum potius ich ſing, erit igitur u mutandum in i. Haec autem vel lexicon aliquod vel dicendi vsus docebit, cum non satis iam perspectum habeam, quomodo re[I4]gulis comprehendi possint. Prima tamen obseruatio de hoc tempore, supra posita, hoc totum negotium mediocriter explicare videtur.

VIII.

Extrema syllaba praeteriti terminationem significat, atque haec duplex est, aut enim in en exit, als ich hab getragen *Tuli*, aut communius et vsitatius in et / als ich hab geopfferet *Obtuli*, ich hab gewandlet *Mutaui*. Quae vero in en, quae item in et, finiantur rationibus aut regulis, iam docere non libet, cogitabo tamen volente Deo, num ea res solo vsu, an vero regulis addisci et comprehendi queat.

IX.

Sunt quae vtramque recipiunt terminationem, ich hab gebawet/ vnd gebawen/ *Aedificaui*, ich hab gehebet/ vnd gehoben/ *Tenui*, etc.

X.

Verbum praesens, ich hab/ accedit ad praeterita actiua omnium verborum, quae per se reuera non verba sunt, sed participia, nec actiuae, sed passiuae vocis, nisi per verbum hab con[I4b]formentur tempori praeterito actiuo, ecce enim gestraffet/ Participium praeteritum passiuum est, et significat, *punitum*, cui si verbum auxiliare, ich hab accedit, fit praeteritum actiuum, atque haec eadem ratio seruatur, in omnibus praeteritis actiuis.

XI.

Succurrens vel auxiliare verbum, ich hab / immediate praecedit praeteritum, als ich hab gefürchtet / ita germanicè sonat: *Ego habeo timui.* Ich hab geehret *Ego habeo honoraui*, vel potius (ut latinae grammaticae etiam satis fiat) *Ego habeo honoratum.* Est enim participium praeteritum, quod si accusatiui adsint, inter auxiliare verbum et ipsum praeteritum collocantur, als / Ich hab den Herren vnd seinen zorn gefürchtet *Habeo dominum et iram eius timui.* Liceat hic explicationis causa solaecisare. Verum in rithmis seruatur Gręcorum et Latinorum libertas, qui interdum pręterito verbo, et omnibus alijs temporibus praeponunt, nonnunquam verò postponunt accusatiuum. Als:

Ich hab gefürchtet den Herren/
Darumb wird er mich erhören.
[I₅] Du solst lieben dein Gott/
Der dich erschaffen hat/ ꝛc.

XII.

Pronomina, ich/ du/ der/ ꝛc. regulariter praecedunt verbum ich hab/ at in iuramentis, et execrationibus, obtestationibus et interrogationibus, interiacent verbum hab/ et accusatiuum qui à praeterito regitur hoc ordine: Hab ich solchs gethan / so straff er mich / *Si ego hoc feci, puniat me*: Hab ich es (oder contractè ichs) hastu es / hastus / hat der es / hat ders oder ers gesehen/ *num ego, tu, ille uidit*, etc.

XIII.

In execrationibus, in causalibus et racionatiuis orationum membris, in interrogationibus, aposiopesibus, comminationibus, parenthesibus, et in ijs membris, quae Graecis et Latinis cola dicuntur, duobus punctis à Latinis signata, et quae suspendi ac tractim enunciari volunt, quia sententia adhuc imperfecta est, necessario enim aliquid subsequi debet, quam figuram Gręci ἀπαγγελίαν vocant, tum verbum hab, in finem collocatur, als Execratiuè, wann ichs gesagt hab *si dixi*: Ratiocinatiuè, dieweil er sich dann dessen [I₅ᵇ] angemasset hat *siquidem haec ausus fuit.* Interrogatiuè, solt er geessen haben *nunquid edit?* wann ers gethan hat *si fecit*, Aposiopesis est.

XIIII.

Neutra praeterita quae actionem significant, recipiunt verbum ich hab / als ich hab geloffen *Cucurri*, quae vero passionem quandam significare videntur, verbum substantiuum ich bin / ante habent, als ich bin gefroren *Frigui.* Haec tamen non ita curiosè obseruantur, ut etiam utcunque verbum omnibus neutris indifferenter praeponatur, sic dicimus: ich hab geloffen vnd ich bin geloffen / ich hab / oder ich bin geruhet. Substantiuum ich bin / *Sum*: postea coniugabitur.

Plusquamperfectum.

Singulariter.

Ich het } gehabt.
Du hetst
Der het /

Pluraliter.

Wir hetten / } gehabt.
Ihr hettet hett
Die hetten

[I_6] I.

Plusquàmperfectum, idem est cum praeterito, mutato saltem verbo praesenti, ich hab, in imperfectum, ich hett.

II.

Neutra assumunt verbum, ich hett *habuissem*, aut substantiuum, ich wer *fuissem*.

III.

Constructio perfecti et plusquamperfecti eadem est.

Futurum.

Singulariter.

Ich werd Du werſt Der werd	oder	wird wirſt wirt	haben.

Pluraliter.

Wir werden Ihr werdet Die werden	haben.

I.

Futurum vtitur infinitiuo cum substantiuo, ich werd.

II.

Substantiuum verbum in conditionalibus et interrogatiuis orationibus, vel praecedit vel sequitur verbum, als ſo ich leſen werde/ oder ich werd leſen, *si legero.*

[·I$_6^b$]

Imperatiuus praesens.

Singulariter.

Du hab Der hab	oder hab	du/ der.

Pluraliter.

Wir ſollen Ihr ſollent Die ſollen	haben oder	laſt vns haben. habt ihr. haben die.

I.

In singulari numero, indifferenter aut praeponuntur aut postponuntur pronomina. In plurali vtimur periphrasi verbi, wir ſollen *nos debemus*: aut potentialiter loquimur: laſt vns haben, *habeamus nos, uel sinite nos habere.*

Futurum.

Singulariter.

Ich wird Du wirſt Der wirdt	ſollen oder müſſen haben.

Pluraliter.

Wir werden Ihr werdet Die werden	sollen oder müssen haben.

I.

Infinitiuus saltem cum substantiuo repetitur, sicut in futuro indicatiui, adiectis [I_7] tamen imperatiuis voculis: sollen *debere*, müssen *oportere*, etc.

Optatiuus, praesens et imperfectum.

Singulariter.

Wolt Gott oder ach das	ich hett/ du hetst/ der hett.

Pluraliter.

Wolt Gott oder ach das	wir hetten/ ihr hettet/ die hetten.

I.

Repetitur tantummodo imperfectum indicatiui, adiectis optandi formis: Wolt Gott/ *oh si Deus uellet*, ach oh *oh si*, ah ꝛc.

Perfectum et plusquàmperfectum.

Singulariter.

Wolt Gott das	ich du der	gehabt	hett/ hetst/ het.

Oder praeposito auxiliari verbo, ich hette du hetst ꝛc. gehabt.

[$I_7{}^b$] Pluraliter.

Wolt Gott das	wir ihr die	gehabt	hetten. hettet. hetten.

I.

Est repetitio plusquamperfecti Indicatiui, cum optandi voculis.

Futurum.

Singulariter.

Wolt Gott ich würd / du wirst / der wird haben.

Pluraliter.

Wolt Gott wir würden / ihr würdet / die würden haben.

Subiunctiuus, praesens.

Singulariter.

So/ oder wann ich hab/ Du hast/ Der hat.

Pluraliter.

So/ oder wann wir haben/ ihr habt/ die haben.

[I_8]

I.

Est prȩsens Indicatiui cum coniunctionibus: So / wann / dieweil / demnach / ꝛc.

Imperfectum.

Singulariter.

So ich hett/ du hetst der hett.

Pluraliter.

So wir hetten/ ihr hettet/ die hetten. **Est imperf. Indicat.**

Perfectum.

Singulariter.

So ich hab / du hast / er hat gehabt.

Pluraliter.

So wir haben / ihr habt / die haben gehabt.

Plusquàmperfectum.

Singulariter.

So { ich hett / du hetst / der hett } gehabt.

[$I_7{}^b$]

Pluraliter.

So { wir hetten / jhr hettet/ het / die hetten/ hettn } gehabt/ *et per Sync.* ghabt.

Futurum.

Singulariter.

So { ich würd / du würtst/ würst / der wirdt } haben.

Pluraliter.

So { wir würden / jhr würdet / die würden } haben.

Infinitiuus.

Praesens: Haben *habere.*

Perfectum et plusquamperfectum: Gehabt haben *habuisse.*

Futurum: Werden haben *habiturum esse.*

Gerundium vnum: Zuhaben *habendi*: repetitur infinitiuus cum syllaba zu.

Participium praesens: Habend *habens.*

Futurum: Haben werdent *habiturus, a, um.*

Infinitiui praesens, à praesenti indicatiui descendit, et est semper in simplicibus disyllabum.

[K] De verbo substantiuo, Ich bin *Sum.* Deque neutropassiuo: Ich werd/ *Fio.*

Priusquam accedamus ad passiua, inflectemus substantiuum, Ich bin: et neutropassiuum Ich werd, quorum opera passiua verba coniugantur et efferuntur.

Indicatiui, praesens:

Singulariter.

Jch bin/ *Sum.*
Du biſt/ *Es.*
Der iſt/ *Est*, etc.

Pluraliter.

Wir ſein/
Jhr ſeind vnd ſeit/
Die ſeind.

Singulariter.

Jch werd vnd wird	*Fio*,	*Latinum integrè hic coniugo propter explicationem.*
Du werſt	*fis*,	
Der werdt/	*fit.*	
Pluraliter.		
Wir werden	*fimus*,	
Jhr werdet	*fitis*,	
Die werden	*fiunt.*	

[Kb]

Imperfectum.

Singulariter.

Jch war/ *eram.*
Du warſt/ *eras*, etc.
Der war.

Pluraliter.

Wir waren/
Jhr waret/
Die waren.

Singulariter.

Jch wurd/ *Fiebam.*
Du wurdſt/ *fiebas.*
Der wurd/ *fiebat.*

Pluraliter.

Wir wurden/
Jhr wurdet/
Die wurden.

In rithmis prima persona substantiui ich war/ effertur etiam ich was/ als: Munera da summis, Es wirdt wol ſchlecht was krumm iſt/ munera si non das, es wirt wol krumm das ſchlecht was.

Perfectum.

Singulariter.

Ich bin
Du bist } gewesen/ *quidam dicunt*: gesein.
Der ist

Pluraliter.

Wir sein
Ihr seit } gewesen.
Die seind

[K2]

Singulariter.

Ich bin
Du bist } geworden/ *per aphaeresin* worden.
Der ist

Pluraliter.

Wir sein
Ihr seit } geworden.
Die seind

Plusquamperfectum.

Singulariter.

Ich wär
Du wärst } gewesen oder gesein.
Der wär

Pluraliter.

Wir wären
Ihr wäret } gewesen oder gesein.
Die wären

Singulariter.

Ich wär
Du wärst } geworden.
Der wärst

Pluraliter.

Wir wären
Ihr wäret } geworden.
Die wären

Futurum.

Singulariter.

Ich werde wird	} oder {	will	}	*Substantivè*:
Du wirst		wilst		gesein.
Der werd wird		will		

[K_2^b]

Pluraliter.

Wir werden	oder	wöllen	*neutropaßiuè:* werden.
Ihr werdet		wöllet	
Die werden		wöllen	

Imperatiui, praesens.

Singulariter.

2 Biß oder sey du } oder { du solst sein.
3 Sey der } oder { der soll sein.

Pluraliter.

1 Last vns sein/ oder wir sollen sein.
2 Ihr sollet sein.
3 Die sollen sein.

Singulariter.

2 Werde du/
3 Werde der.

Pluraliter.

1 Last vns/ oder wir sollen } werden.
2 Ihr sollet } werden.
3 Die sollen } werden.

Futurum.

Singulariter.

Ich wird	sollen oder müssen	sein. *Substantiue.*
Du wirst		
Der wirt		

[K_3]

Pluraliter.

Wir werden	sollen oder müssen	werden. *neutropaßiuè von Fio.*
Ihr werdet		
Die werden		

Optatiuus praesens.

Singulariter.

Wolt Gott das { ich sey/ du seist/ der sey.

Pluraliter.

Wolt Gott das { wir sein/ ihr seit/ die sein.

Singulariter.

Wolt Gott das { ich wer/ du werst/ der wer.

Pluraliter.

Wolt Gott das { wir weren/ jhr weret/ die weren.

Perfectum et plusquamperfectum.

Singulariter.

Ach das { ich wer, du werst, der wer } gewesen oder gesein.

[K₃b]

Pluraliter.

Ach das { wir weren, jhr weret, die weren } gewesen oder gesein.

Singulariter.

Ach das { ich were, du werest, der were } geworden.

Pluraliter.

Ach das { wir weren, jhr weret, die weren } geworden.

Futurum.

Singulariter.

Ach das { ich wurde, du wurdest, der wurde } sein werden. *Vtinam sim.*

Pluraliter.

Ach das { wir wurden, jhr wurdet, die wurden } sein werden.

Coniunctiuus vbique similis est indicatiuo, addit autem singulis personis coniunctiones à quibus et nomen habet: So/ wann/ dieweil/ ꝛc.

[K4] Infinitiuus, praesens.

Sein oder wesen/ *Esse.*
Werden/ *Fieri.*

Perfectum et plusquamperfectum.

Gewesen sein/ *Fuisse.*
Geworden sein/ *Factum esse.*

Futurum.

Werden sein/ *Fore.*
Werden werden.

Gerundium.

Zusein/ *Essendi.*
Zuwerden/ *Fiendi.*

Participia, praesens.

Wesend/ *Ens.*
Werdend/ *Fiens.*

Futurum.

Werdend sein.

Praeteritum.

Geworden/ *factus, a, um.*

Futurum.

Werdend werden/ ꝛc.

Sed futura in vsu non sunt nisi me memoria fallat.

[K4b] CONIVGATIO PASSIVORUM.

Indicatiui, praesens.

Singulariter.

Ich wird }
Du wirst } gehabt.
Der wirt }

Pluraliter.

Wir werden }
Ihr werdet } gehabt.
Die werden }

Hoc tempus repetit neutropassiuum, ich wird/ et addit omnibus personis participium praeteritum gehabt.

Imperfectum.

Singulariter.

Ich war/ oder was/
Du warst/ } gehabt.
Der war.

Pluraliter.

Wir waren
Ihr waret } gehabt. *per omnes personas utriusque numeri.*
Die waren

[K_5]

Perfectum.

Singulariter.

Ich bin
Du bist } gehabt worden.
Der ist

Pluraliter.

Wir sein
Ihr seit } gehabt worden.
Die sein

Plusquamperfectum.

Singulariter.

Ich wár
Du wárst } gehabt worden.
Der wár

Pluraliter.

Wir wáren
Ihr wáret } gehabt worden.
Die wáren

Futurum.

Singulariter.

Ich wird / will
Du wirst } oder { wilst } gehabt werden.
Der wird / will

Pluraliter.

Wir werden }
Ihr werdet } oder { wöllen
Die werden } { wöllet } gehabt werden.
{ wöllen

[K_5^b] Imperatiuus, praesens et imperfectum.

Singulariter.

{ Sey oder werde du }
{ Sey oder werd der } gehabt.

Pluraliter.

Wir ſollen }
Ihr ſollet } gehabt ſein.
Die ſollen }

Futurum.

Singulariter.

Ich werd }
Du wirſt } ſollen oder müſſen gehabt werden.
Der wirt }

Pluraliter.

Wir werden }
Ihr werdet } ſollen oder müſſen gehabt werden.
Die werden }

Optatiuus praesens.

Singulariter.

Ich wer }
Du werſt } gehabt.
Der wer }

Pluraliter.

Wir wern }
Ihr werdt } gehabt.
Die weren }

[K_6] Perfectum et plusquamperfectum.

Singulariter.

Ach das { ich wer }
{ du werſt } gehabt worden.
{ der wer }

Pluraliter.

Wir weren }
Ihr weret } gehabt worden.
Die weren }

Futurum.

Singulariter.

ich wurde
Ach das { du wurdst } gehabt werden.
der wurd

Pluraliter.

Wir wurden
Ach das { Ihr wurdet } gehabt werden.
Die wurden

Coniunctiuus, praesens.

Singulariter.

ich werd
So { Du wirst } gehabt.
Der wirt

Pluraliter.

wir werden
So { ihr werdet } gehabt.
die werden

[K_6^b]

Imperfectum.

Singulariter.

ich war
So { du warst } gehabt.
der war

Pluraliter.

Wir waren
So { Ihr wart } gehabt.
Die waren

Perfectum.

Singulariter.

ich bin
So { du bist } gehabt worden.
der ist

Pluraliter.

wir sein
So { ihr seit } gehabt worden.
die sein

Plusquàmperfectum.

Singulariter.

So { ich wår / du wårst / der wår } gehabt worden.

Pluraliter.

So { wir wåren / jhr wåret / die wåren } gehabt worden.

[K_7]

Futurum.

Singulariter.

So { ich wurd / du wurdst / der wurd } gehabt werden.

Pluraliter.

So { wir wurden / jhr wurdet / die wurden } gehabt werden.

Infinitiuus.

Praesens, gehabt werden/ *haberi.*
Praeteritum, gehabt worden sein/ *habitum esse.*
Futurum, werden gehabt werden/ *habendum esse.*
Supinum, gehabt zuwerden/ *habitu.*
Participium praeteritum, gehabt worden/ *habitum.*
Futurum, werdend gehabt werden/ *habendum*, etc.

De affixis pronominibus, accusatiui casus, jhn/ sie/ es/ *eum, eam, id.*

Hęc pronomina affiguntur verbis in quotidiano dicendi vsu: als ichwilln/ pro ich will jhn/ *Volo, cupio eum.* Du klagstn [K_7^b] pro du klagst jhn *luges eum*: er hats/ pro er hat sie oder er hat es. In interrogationibus non annectuntur verbis, sed ipsis nominatiuis pronominum, qui verba regunt: als/ hab ichn? pro hab ich jhn/ *Habeone eum?* sagstus/ pro sagst du es? *Dicis tu hoc?* nimbstus/ pro nimbst du sie? *sumis, ducisne eam?*

DE PARTICIPIO.

PArticipium est nomen vel casus verbalis, partem accidentium à nomine, partem vero à verbo capiens, etsi enim nominis figuram quodammodo induit, tamen verbi sui naturam, et accidentia non prorsus deponit.

Sunt autem participij accidentia septem: Tempus, Genus, Numerus, Figura, Casus, Significatio et Declinatio.

Tempora tria sunt: Praesens actiuè et neutraliter significans, desinit in end/ et est generis omnis: als/ der/ die/ das lesend/ lobend/ laufend/ bettend.

[K_8] Praeteritum passiuae tantum significationis et generis omnis est, habetque terminationes en aut et/ ut supra in verbo dictum est, als/ der/ die/ das gelobet/ *Laudatus, a, um*: der/ die/ das geehret/ *Honoratus, a, um*.

Futurum triplex est: Actiuum, als/ ehren werdend/ *Honoraturus, a, um*: repetit infinitiuum, verbi, et participium praesens auxiliaris verbi neutropassiui.

Passiuum: Werdend gehabt werden/ *Habendus, a, um*.

Neutrum, simile actiuo repetit infinitiuum et participium, als lauffen werdend/ *Cursurus, a, um*.

Sic habes tria accidentia, videlicet: Tempus, Genus, et significationem.

Sciendum autem quod participia (cum sint generis omnis) per tria genera moueantur.

Praesentia sic: ein { Lobender/ *Laudans*. Lobende. Lobendes.

Praeterita hoc modo: ein { Gelobter/ *Laudatus*. Gelobte/ *Laudata*. Gelobtes/ *Laudatum*.

[$K_8{}^b$] **Futurum actiuum sic: ein loben** { werdender. werdende. werdendes.

Futurum passiuum hoc modo: werden gelobt	werdender. werdende. werdendes.
Futurum neutrum sic: ein laufen	werdender. werdende. werdendes.

Sed futura nondum prorsus in vsum recepta sunt. Figura eadem est cum verbis à quibus descendunt. Numeri consueti duo sunt.
Casus sex.

DE DECLINATIONE.

Participia non declinantur nisi mota sint per tria genera, quando vero mouentur per er/ e/ es/ als ein lerender / lerende / lerendes / tunc cadunt sub primam declinationem nominum, eodemque modo ut nomina sine ulla difficultate inflectuntur.

Fiunt autem participia interdum nomina ijsdem modis ut apud Latinos, de quibus multa monere superuacaneum esset.

[L] DE ADVERBIO.

ADuerbia verbis adduntur, ut circumstantias iuxta suas significationes exponant.

Accidunt aduerbio: Species, Figura, Comparatio et Significatio.

Species duplex est: Primitiua, quae à nullo descendit. Deriuatiua, quae à nominibus originem trahit: als abendts *Vesperi*, à nomine abendt *Vesper*.

I.

Aduerbiorum deriuatiuorum communissima terminatio lich est, quae nominibus adiectiuis subiungitur: als prächtig / *Pomposus*, prächtiglich *pomposè*, Reich *Diues*, huic aduerbium reichlich/ männig/ *turba uirorum*, männiglich *turbatim*, *uiritim*.

II.

Nomina adiectiua in lig/ ſig/ tig/ desinentia, si aduerbialiter pronuncientur, breuitatis causa, ig per g, in aduerbialem terminationem, ich per h mutant, ut: manlig *fortis, uirilis*, manlich *fortiter, uiriliter*, malè enim sonaret, si diceres manliglich / sic, nachleſſig/ aduerbialiter nachleſſich/ quaedam tamen vtramque formam reci[L^b]piunt: als mächtig *potens*, mächtich vnnd mächtiglich *potenter*.

III.

Saepè requirit numerus et grauitas orationis, ut aduerbijs in lich syllabam en annectas: als/ Chriſtus iſt kläglichen gepeinigt worden *miserabiliter afflictus est*, kleglichen pro kläglich.

IIII.

Quae à nominibus in iſch formantur retinent terminationem eorum: als weibiſch *muliebris*: et aduerbialiter, weibiſch/ *muliebriter*. Possunt autem à nominibus distingui per dictionem auff/ als auff weibiſch/ auff Landsknechtiſch *Militariter*, auff Lateiniſch *Latinè*, accedit etiam vocula gůt/ als auff gůt Doctoriſch *benè Doctoraliter*: qui doctoris mores quàm optimè exprimit, dictio benè Ciceroni etiam, hoc modo vsitata est ad Atticum, scribens literas dedi benè manè: et de oratore, sermonem benè longum.

V.

Ab his nominibus in iſch/ phrasis alia aduerbialis descendit, per adiectiuum et substantiuum in genitiuo casu posita: als rauberiſcher weiß *more predonum*, sicut etiam [L_2] à nominibus in lig/ als trötzigliger weiß *contumaciter*, hae dicendi formę in grauibus orationibus et accusationibus locum habent.

VI.

Obseruentur etiam aliae terminationes deriuatiuorum: als ley/ zweyerley/ in alt/ manigfalt/ sam/ mühsam/ et similes. Sed hae potius terminationes neutrorum adiectiuorum sunt, quibus Graeca consuetudine pro aduerbijs vtimur: als/ Es ist prächtig zugangen/ *Magnifice omnia fuerunt administrata*, prächtig pro prächtiglich.

Figurae duae sunt: Simplex, Weißlich *Sapienter*. Composita, vnweißlich: vn/ est inseparabilis praepositio vel Steritica syllaba, ein raubents/ nemendts wörtlein/ welches dem wort/ dem es zugesetzt/ seine krafft vnd deutung nimpt vnd verkert.

COMPARATIO.

A nominibus descendentia comparantur per tres gradus, ut nomina ipsa.

Positiuus suas habet terminationes: als hüpschlich *pulchre*, männisch *uiriliter*.

[L_2^b] Comparatiuus addit positiuo syllabam re/ et has voculas nonnunquam ei praeposuit, noch *adhuc*, mehr *magis*, als: noch hübschlicher *pulchrius*, noch männischer *fortius uirilius*.

Superlatiuus syllabam sten subnectit positiuo, et à principio asciscit dictiones, am aller/ zum aller/ als am aller hübschlichsten *pulcherrimè*, zum allermännischten *fortißimè*: atque has comparatiuo et superlatiuo praefixas dictiones addimus, si vehementer contendendo Emphasin aliquam significare volumus.

Comparantur autem quaedam etsi à nominibus non descendant: als offt *Saepè*, öffter/ am aller öfffsten/ frü *manè*, früer/ am aller früsten/ ꝛc.

SIGNIFICATIONES.

Variae sunt ut apud Latinos. Notandum autem quod inter aduerbia integrae etiam phrases numerentur, non saltem à nobis, sed à Latinis et Graecis, quarum aliquas hic recensebimus, ut constructio adeoque tota lingua nostra, tyronibus facilior et euidentior fiat.

[L$_3$] Localia, sibi primum vindicant locum et sunt quadruplicia.

Jn / oder an einem ort *In loco*, wo *ubi*, hie *hîc*, da / do / oder dahn / ut Saxones loquuntur *ibi*: daselbsten *istic*, *illic*, wo vnnd wann *ubicunque*, vnnd wo auch oder allenthalben *ubique*, wo du wilst *ubiuis*, anderswo / an einem andern ort *alibi*, drinnen / jnnerhalb / inwendig *intus*, aussen / auserhalb / außwendig *foris*, droben / oberhalb *supra*, drunten / hoc est, dahrunten / oder vnterhalb / infra, allhie oder gegenwertig *praesto presenter*, außwerts *peregrè*, daheim / zuhauß / einheimisch *domi*, zu feldt *ruri*, im lâger / im krieg *militiae*, auff der erden *humi*, zů Rom / zu Pariß / zu Würtzburg / im Speßharter wald / ꝛc.

Zu oder in einen ort *ad locum*, woauß / wohin *quo*, *quousque*, daselbst hin *istò*, *isthuc*, vberland *peregrè*, wie weit *quousque*, daher *huc*, zudaher *ad sinistram*, ita solent nostri aurigae compellare equos et boues, quando pediles ad sinistram quadrigarum ambulant, sinistra enim regunt lora equorum, dahin kom ich nicht *istuc non uenio*, etwa hin *aliquo*, nirgent hin *nequo*, es sey wo es hin wöll / es geh hinauß wo es wöll / oder jrgent hinauß *siquo*, eben dahin *eodem*, wohin [L$_3$^{b}] es sey *quocunque*, biß daher *hucusque*, biß jrgent wohin / anhin / oder außhin *aliquousque*, hinein *intro*, einwerts *introrsum*, herauß / außwertz *foras*, zuruck / ruckwertz / hindersich *retrorsum*, biß auff den grund *in fundum*, in die höch / auffwertz / vbersich *sursum*, vntersich / niderwertz / in die tieff / *deorsum*, zur lincken / *leuorsum*, zur rechten / *dextrorsum*, gen Rom / gen oder gegen Pariß, gen Neaples / auff den Swartzwald / *in syluam Harciniam*. Seitz / fürwertz / hinderwertz / enthinder *retro*.

Von einem ort hinweg / *Ex loco*, von hinnen / von dannen / daselbst von / hieuon / hierab *Saxonicè hinc*, dort von/ daselbst dannen/ daruon *illinc, isthinc*, dauon *inde*, woher/ wo von/ von wannen/ auß welchem Landt/ ort oder Statt *unde*, jmmer daher/ jrgent wo her/ etwa her *alicunde, pro aliquo unde*, von oben ab/ vom Himel herab *coelitus*, auß dem grund/ vom grund herauß/ vom boden *funditus*, mit wurtzel vnd allen / biß auff den kern *radicitus*, vnten herauff, vnten herfür *infernè*, oben herab / oben einher / *supernè, uelut uulgus dicit desuper*.

Durch einen ort / *Per locum*, hieher/ da[L_4]her / da herdurch *hac*, daselbst hin / dahin durch *illac*, *isthac*, nirgent hinauß *nequa*, etwa hin *siqua*, durch Venedig/ durch das wasser / den Wald.

Die ein zeit bedeuten *Temporis*, wann *quando*, wan ehr *Saxones dicunt*, *respondetur*, jetzt lang / vorlängst *iamdiu*. *Latinius tamen, quampridem*, wie lang *quam dudum*, bistu lang/ oder vor lengst kommen? *quam dudum uenisti?* wie bald *quam mox*, wie nun/ wann wirtz/ auffs schirst/ auffs bäldst *quam primum*, die stund/ *hac hora*, von stund an *ab hac hora*, in eim augenblick *momento*, einsmals *semel*, zumal *continuo*, eh vnd ehr *prius*, nechten oder gestern *heri*, spat / langsam *tarde*, alltag/ allzeit *omni tempore*, heut/ heuttigs tags/ des tags/ jetzigs tags *hodie*, jetzt/ jetzundt/ also bald *nunc*, newlich/ newlicher zeit *nuper*, alsdann/ also bald darauff/ von stund an *ibi extemplo*, demnach wie solches geredt / geschehen/ *ubi postquam*, morgen / morgens oder zukünfftigs tags *cras*, morgen zu früer tagzeit *cras mane*, vbermorgen *perendie*, von stund an/ stets stehents fůß *statim*, etwan/ bißweilens/ zur zeit *aliquando*, jetzt also bald/ *iam modo*, alßdann/ vnd darauff/ [L_4^b] hierauff *tum tunc*, bey gůter zeit/ bey zeit gnug *in tempore*, abents spat *uesperi serò*, langsam/ treglich/ seumiglich/ feülisch *serò*, allzeit/ jmmerzu / täglich / alltag / täglich mehr *indies*, gemechlich / algemach/ sacht Turingicè, leiß/ wintzerlich *paulisper*, wielang *quam diu*, biß so lang / so fern *quoad*, jetzt vor lengst *iam olim*, nicht vor langem/ vor vnlangem / nicht zu gar lang *non pridem*, dem nechsten tag zůuor *pridiè*, vorgestern *nudius tertius*, *VVirtenbergenses dicunt* ante=

gestern / vor vier tagen *nudius quartus*, den nechsten tag hernach *postridie*, schon vorlangst *dudum*, zůuor / vorhin *antea*, nachmals / fortan / forthin / nunmehr *in posterum*, ferners / weyters *decaetero*, wann da / zu welcher zeit *quando*, *quo tempore*. non enim semper est interrogatiua. Vor zeiten, vor alters / vor Jaren / bey den alten / zur zeit unserer forfahren *quondam olim*, ein wenig / ein weilein / gar kurtzlich / *paulisper*, so oder wann es sich zutregt *siquando*, bißweilens / etwan unterweilens / nach gelegenheit *quandoque*, mitlerzeit / zwischen dem *interea*, demnach / hierauff *inde*, stets / jmmerzu ohn unterlaß unnachlessiglich / unauffhörlich, auff oder nacheinander *subinde*, biß daher / biß auff die zeit [L$_5$] *usque*, dieweil *siquidem*, demnach und dieweil / seintemal *quandoquidem*, bey zeiten seiner *Viuente illo*, bey leben / bey regierung Caroli *Viuente, regnante Carolo*. rc.

Ein zal bedeutendt *Numerum significantia*, non sunt difficilia, ponitur enim numerus cardinalis, repetita semper dictiuncula, mal: als einmal oder in genitiuo, einsmals *semel*, zweemal *bis*, dreymal *ter*, zwentzigmal *uigesies*, ein und zwentzigmal *semel et uigesies*, etc. so offt / also offt / eben so offt *toties*, wie offt *quoties*, offt / zum öfftermal *saepe*, selten / bißweilens, eintzigs *raro*, widerumb *iterum*.

Die ein ordnung zeigen *Ordinis*, darnach / nachmals *deinde*, für das erst *primum*, also bald / von stund an *protinus*, flugs darauff / an einander *continuo*, zůuor *antea*, hernach / nachmals / hinden *postea*, letzlich / entlich *ultimo*, zu dem / uber das / uber solchs alles *praeterea*, erstlich / zum ersten *primò*, zum andern *secundò*, zum ein und zwentzigsten mal / *uigesimo primo*.

Die auff etwas zaigen oder deuten / *Demonstratiua*, als: sihe / schaw / *Sueuie*, lug / kuck *uide, en ecce, hem*.

Die etwas bezeugen / und bekrefftigen / [L$_5$b] Ja *ita*, so *si*, *ô si*, und auch *etiam*, warlich *uerè*, *Hebraeis et sacris literis amen*, auff gutten trauen / und gelauben / oder auff trawen / *per Ellipsin*, ja trawen / *id est*, ja auff trawen *contractè*. Ja trawen *bona fide*, gewißlich *certè*, nemlich / eben *uidelicet*, ja nembt euchs nicht wunder *nimirum*, *nimireris*, zuwar / *usitatius contractè* zwar / oder fürwar *quippe*, eben, vnd herauß, kein blad fürs maul genommen *planè*, fürderlich / ja vil mehr *maximè*, ja bey Gott *ita per Deum*, bey göll / *corruptè dicimus pro* bey Gott / zumer botz kirchen / oder zumer botz kloster *aedepol, id est, per aedem Apollinis*, auff Wein verbietten / *per prohibitionem uini. Francis nostris usitatum iuramentum*.

Darzu gehören die verlachende *Ironica*. Si videlicet subsannando quaedam confirmamus, quae nullo modo pro confirmatis habere volumus: als / Ja warlich *scilicet*, ob Gott will *si dijs placet*, oh weh ja / *ô si*.

Laugende oder verneynende *Negatiua*: Hey *haud quam dictionem facie quodammodo auersa pronunciamus*: Nein *non*, darzu nicht / vnnd auch nicht *neque*, in keinem weg / keins wegs *nulla uia, hoc est, nulla ratione*, gar nicht *minimè*, [L_6] nein auff trawen. *Franci nostri utuntur, etiam neutro*, nicht / *pro aduerbio* nicht *non*.

Wünschende *Optandi* oh das *oh si*, ach / wolt Gott / *si Deus uellet*, das wer mein lust: *Gallicè: à la mienne uolunte*.

Fragende *Interrogatiua*, wie / warumb *cur*, wie so *qui sic*, zu welcher zeit / wann *quo tempore*, ob *num*, ob auch *numquid*, ob eins / oder welches *utrum*, ist nicht / ob nicht *nonne*, was *quid*, warumb nicht *quidni*, wie so / *quid ita?*

Vermanende *Hortatiua*, nun wolan *age*, hui *eia*, nun dran / hui daran *agite*, du bists schuldig *iuberis debes*, mein *mi*, mein gesell *mi comes*, mein freundt *mi amice*, mein lieber oder mein gůter kerl *amabo mi Carole, tantum enim est nomen Caroli Magni apud nos, ut quemlibet bonum honestum, fortem et robustum, eo nomine in compellationibus, et obtestationibus dignemur*, ich bitt dich all mein lebtag / *obsecro per meam uitam*.

Vergleichende *Similia*, als / wie *ceu*, gleich wie *quasi*, wie das *ut*, fast / schier *propè*, zugleich *aequè*, gleich als *pro ut*, vnnd so / [L_8^b] ob gleich also *ac si*, nicht anders *non aliter*, auch welcher gestalt *quomodo*, Item *item*.

Die einer wieligkeit einer form vnd geschickt sein / *Qualitas*, glerlich oder lersam, *docibiliter*, *aliud est* gelertlich / das ist gelerter weiß / wie die gelerten pflegen / wol / glückselig *benè*, bößlich / vbel / vnglückselig *malè*, kürtzlich *strictè*, stichsweiß / stupffechtiglich *punctim*, mit hawen / hawens / oder hiebsweiß / schleglich *caesim*, behendiglich / schnelliglich / eylends *raptim*, diebisch / diebischer weiß / heimlich *furtim*, langsam / feulisch / *tractim*, also / vnd dermassen / *hoc modo*, etc.

Die viel oder wenig / ein grôß / oder klein bedeuten *Quantitatem significantia*, vil *multum*, sehr vil *plurimum*, allzu vil *nimium*, sehr *ualdè*, biß also weit / biß also vil *quoad*, gnug *satis*, wenig *parum*, ein wenigen / ein wintzerlein *parumper*, am oder zum aller wenigsten *minimum*, zimlich wenig / ein schlechts *modicum*.

Die ein ding aufffspannen / großmachen / aufffmutzen vnd herausßstreichen / *Intendendi aduerbia*, sehr *ualde*, in allen wegen / gentzlich *prorsus*, durchauß / durch vnd durch *penitus*, *omnino*, zimlich / sehr *admodum*, alzusehr / all zu vil *nimium*, so sehr vnd weit *adeo*, gar oder zumal hübsch *perpulchrè*, additur per omni[L_7]bus fermè aduerbijs, ab adiectiuis descendentibus, et significationem ipsorum auget, ut *perdoctè*, id est, excellenter *doctè*: sehr vnd hoch von nôten *peropus*, mehr dann *per quam*, *nimis quam*, zwar mehr *sanequam* eben so wol / oder eben so mehr *tamquam*, fast schier *penè*, fast / schier / beyleuffig *fermè*, nur das nicht *tantum non*, als: Er hat jhm alle dienst verheissen / nur das er sein leben nit für jhn gesetzt / ꝛc.

Die ein ding leuchtern vnd geringern, *quae intentionem remittunt*, *et rem eleuant*: befindlich *sensim*, sichtiglich *uisum*, non praecipuo sensu pro omnibus vtimur: gemachlich / leiß / sitsam *paulatim*, füß für füß / oder gemachs gangs *pedetentim*, schwerlich / krencklich / schwechlich *aegrè*, kaum oder kômmerlich / nerlich / ja noch wol nicht *uix*, heimlich in still *clanculum*, zugsam / seumisch / ein wenig langsam *longiusculè*, ein wenig besser *meliusculè*, etwas öffter *saepiusculè*, ein wenig hüpsch / etwas zierlich *bellè*.

Zweiflende *Dubitantia*, vileicht / etwan / *forsan*, auff dem fall / im fall / ob etwan *fortè*, *si fortè (per solaecismum) in casu*.

Vmbstehende vmb die person *Circumstantia*, als mit mir *cum me mecum*, mit dir *tecum*, [L_7^b] mit jhm / oder mit sich *secum*, mit vns *nobiscum*, mit euch/ mit jhnen. *Videntur esse pronomina cum praepositione* mit *composita, Sicut de Latinis, mecum, secum et similibus: Priscianus etiam iudicauit, lib. 12.* Von nöten *necessario*, ohn vonnöten / &c.

Die da schreyen vnd rüffen / *Exclamantia, uocantia*, wiß *heus*, hörstu *audiui*, hoy hoya / *eho*.

Antworttende *Respondentia*, was *quid*, was wilstu *quid uis*, was sagstu *quid ais*, wer rüfft mich / oder rüfft mir *quis me uocat*, Häy, häyn *hem*.

Theylende *Separatiua*, sonders *seorsim*, abgetheilt / vertheilt/ theylig *separatim*, sonderlich *singillatim*, einzich allein *separatim*, besonders / allein / in geheim *secreto*, zweefachtiglich *bifariam*, dreyfächtiglich *trifariam*, vilfacht/ vilfächtiglich oder vilfeltiglich *multifariam*, zweyerley / dreyerley / viererley / zwifeltiger / fünffeltiger weiß / anderst / anderer weiß *secus*, nur allein *solum*, nur eins wegs / nur des wegs / auff diese weiß nur allein *tantummodo*.

Schwerende *Iurantia similia fermè sunt affirmatiuis*, bey Gott *per Deum*, warlich *certè*: so war ich leb / *per uitam meam*, gewiß gewiß / [L_8] fürwar fürwar *certè certè*, zu mer botz dise vnd jene / *per haec et illa*, bey dem stainen Creutz *per columnam lapideam*, bey meiner magt / *per ancillam meam*, bey vnser katzen *per felem*.

Wehlende *Eligentia*, als mehr *magis*, ja vil mehr *imo potius*, das noch mehr ist *quod plus est*, fürnemblich aber *praecipuè autem*.

Samlende *Congregantia*, einmals / zugleich / sampt=

lich *simul*, barsam oder gleich mit *pariter*, semptlich / heuflich *collectim*, kürtzlich *summatim*, in einer summ.

Verbiettende *Prohibentia*, halt / halt inn *sustine*, nein / nicht *ne*, mit nichten / keins wegs *nequaquam*, bey leib / vnd beim blůt / *per amußionem uitae*.

Zulassende *Concedentia*, es sey jhm also / es mag sein *esto sit*, ich gibs zu *concedo*, ja wol *sanè*, du magst thůn / *fac*, *potentialiter facias*.

Ein glück vnd zufall bedeutende *Euentum et casum significantia*, vileicht *fortè*, ohngefähr / plumps weiß *forte fortuna*, zufellig im fall zufals *casu*, vnuersehens *ex improuiso*, vnbedachter weiß *inconsideratè*.

Vergleichende / *Conparatiua, cum similitudinibus conuenientia*. Mehr *magis*, weniger / minder / *minus*, am besten *optimè*, am oder [L₈ᵇ] zum ergsten *peßimè*, vberigs oder am mehrsten *plurimum*, am wenigsten / am geringsten schlechtlich *minimè*, mechtigklich oder mit aller macht *potentißimè*, vber auß *super omnia*.

Huc etiam referemus interiectiones graeca consuetudine, ijs autem vtimur. In verwunderung *in Admiratione*, als ey / ey lieber *amâbo*. Gotts Gotts *Deus Deus*, botz / was sagstu / ꝛc.

In trawung *in comminatione*, harr harr *expecta*, laß sehen *uideas*, weh weh *uae uae*, oh weh *ô uae*.

In schmertzen *in dolore*, ey ey / ach ach / oh oh Gott.

In forcht *metu*, oh / ach.

Im zorn *Ira et indignatione*, Hey proferimus quoque murmur quoddam labijs strictè, et fortiter compressis.

In freud / *In gaudio*, hay / juch / huy.

In verspottung *Irridendo*, fisch / pfisch / meh / aspiratio, in fine semper protrahitur.

In verwerffung *In detestatione*, weg weg / *quasi*, hinweg *procul*, *apage*, troll dich / pack dich.

In bewilligung *In approbatione*, ja / ja nun ja wolan / so recht *euge*.

In weinen *Eiulando*, ohe / o / o.

Im lachen *Ridendo*, ha ha he.

|M| DE PRAEPOSITIONE.

PRaepositiones vestiunt verba alijs circumstantijs quam aduerbia, nuda enim adhuc sunt verba, quae aduerbijs tantum induuntur, nec certam absoluunt sententiam: Sed potius suspendunt, et dubium reddunt lectorem, nisi praepositiones accedant, vt si dico: Er hat wol geschriben/ *Scripsit doctè*, iam quaerit lector quanam de re, addendum igitur de musicis alijsue exercitijs. Nonnunquam autem eadem circumstantia, per aduerbium et praepositionem exprimitur: als/ Er hat zu Würtzburg/ von der Stat Würtzburg geschriben: VVurtzburgi scripsit, de VVurtzburgensi oppido. Er hat am Ostertag/ von dem Osterlichen fest wol gepredigt/ ꝛc.

Porro casus tantum praepositioni accidunt: videlicet, Genitiuus, Datiuus, Accusatiuus, quibus libenter contra quorundam opinionem, ablatiuum adijcio.

Genitiuum, quadam cognatione, quàm lingua nostra cum Graecis habet, requirunt hae sequentes praepositiones.

1. Dißseit/ *hoc est*, diser seyten *Saxonicè* diser halb/ oder hieherwerts/ hierüber[M^b]werts *cis citra*, als: dißseit oder hieherwerts des Thüringer Walds ligt Franckenlandt den Schwaben/ *Cis Turingicam syluam Ostrofrancia sita est Sueuis.*
2. Vnwissend/ das ist/ heimlich/ verborgenlich *clam*, als/ vnwissent meiner *clam me.*
3. In gegenwert/ oder in bey sein/ *coram*, als in bey sein meiner/ *in presentia mea.*
4. Innerhalb (*quasi diceres* innerseit) *ex latere uel parte interiori, Intra*, als: innerhalb des schlosses *intra arcem.*
5. Ausserhalb *Extra*, als ausserhalb des Schlosses.
6. Jenseit *Vltra trans*, als jenseit des bachs seind auch Leut/ *Trans flumen uel riuum etiam homines sunt, nec omnia uni nationi dantur.*

7. Vnterhalb *infra*, als vnterhalb des bergs *infra montem.*
8. Von wegen oder wegen/ *ob propter*, als von wegen der Catholischen bekendtnuß / hassen vns die vnuerstendigen / *propter Catholicam confeßionem, insipientes nos oderunt.*
9. Vmb willen *prae propter*, haec plerumque per tmesin dissecatur, hoc modo: vmb der liebe Gottes willen eyferen wir / *propter amorem Dei zelo ducimur.*

[M_2] Accusatiuum regunt.

1. Wider / *aduersum, contra.*
2. Vmb / *Circum, circa.*
3. Durch / *Per.*
4. In oder an / *in, ad*, als: Sie haben in Christum / vnd an Christum gespihen.
5. Vber / *super.*
6. Auff / *insuper.*
7. Hinüber / vberhin / vber / vbers / *pro* vber das / vbern *pro* vber jhn.
8. Ohn *sine*, ohn mich sagt Christus / könt jhr nichts thůn.
9. Für / *pro.*
10. Gen vnd gegen *prae, uersus, erga.*
11. Biß componitur cum praepositione an/ als: jhr vil seind Doctores aber nicht weiter biß an den Tittel.
12. Vnter / als vnter dich.

Datiuo cohaerent.

1. Bey *ad*, als bey mir / *ad uel apud me, significat etiam, penes*, als: bey mir oder in meinem gewalt.
2. Für / *prae*, als einer für dem andern.
3. Vor *ante*, als vor dem Todt.

[M_2^b] 4. Neben *Iuxta*, als neben dem Vatter / Regiert der Son.

5. Nach *post*, als nach jhm.

6. Zu *ad*, als zu mir.
7. Zwischen *inter*, als zwischen mir vnd dir.

Ablatiuum regere existimo praepositiones.

1. In/ an *in*, als in Welschland.
2. Im *id est*, in dem *in hoc*.
3. Von *a*, *ab*, *abs*, etc.
4. Mit *cum*.
5. Auß *ex*.

Has si quis velit datiuo annumerare, cum ablatiuus datiuo similis sit, per me liceat quidem, sed tamen consideret quod inter hos casus discrimen aliquod sit, datiuus enim concedendi et tribuendi, ablatiuus verò auferendi significationem habet.

Sunt quae datiuum, et accusatiuum regunt.

An *prope*, als hart an mir *prope me*.

[M3] An/ cum accusatiuo significat, *in uel super*, als an mich *in me*.

Für dem Richter *in datiuo*, vnd für dich/ als/ der Rhat ist für dich.

Vnter dir/ vnd vnter dich.

Vber dir/ vnd vber dich.

Est quoque notandum quod praepositionibus interdum articuli affigantur, et cum illis per Synaeresin coalescant: als nachm pro nach jhm / zum pro zu jhm / zur pro zu jhr / auffn pro auff jhn / durchn pro durch jhn / aussm pro auß jhm / vorm pro vor jhm / ꝛc.

DE CONIVNCTIONE.

COniunctio casus nominum, modos ac tempora verborum, membra sententiarum, et sententias orationum subinde connectit.

Accidunt coniunctioni tria: Figura, Potestas et Ordo.

Figura duplex est: Simplex. als dann *quia*, so *si*. Composita. als/ demnach *posteaquam*. ex praepositione nach / et articulo dem / dieweil *quandoquidem*. ex articulo die/ et nomine weil/ *id est. tempus*, etc.

[M_3^b] Potestas seu significatio, eadem fermè est, ut apud latinos: als Anhengende oder zusamfügende/ *Copulatiuae sunt*, vnd *et*, auch *quoque*, vnd zugleich auch *ac simul*, bede er vnd auch sein Son / *cum ipse tum filius*.

Vergleichende *Conferentes*: als / *ac*, *atque*, *ut*, *ut si dico*, Wir reden anders vom handel als vnsere widersacher.

Vrtheylende / vnd hinwegnemende / *Disiunctiuae et sublatiuae, non tam casuum quam sensuum*: als / oder *aut siue*, du oder der *tu uel ille*. Disiunguntur hîc duo casus quorum alter tollitur: Sunt autem, quae vtrumque tollunt, videlicet: wedder vnd noch / als weder du noch der/ *nec tu neque ille*.

Sequens exemplum etiam disiungit sensus, et tollit alterum, nempe per coniunctiones. eintweder / vnd oder aber/ als die Gelerten seind eintweder nutz oder vnnütz in einer Statt.

Zweiflende *Dubitatiuae*, als: oder ob/ *an*, oder nicht *necne*, wo nicht *nisi*.

Wehlende *Electiuae*, lieber dann / mehr dann / Ich will lieber ein armer Christ / dann ein reicher Jud sein.

Gegengesetzte / *Aduersatiuae*, aber *at*, wey[M_4]ters / fürhin aber *porro*, doch *tamen*, jedoch *attamen*, wiewol *quanquam*, doch nur / doch allein *saltem*, ja vil mehr *imò*.

Geringerende/ außschließliche *Minutiuae et exclusiuae*, nur allein *saltem*, nur *tantummodo*, ja auch nicht/ *ne*, etc.

Vrsechliche / schließliche / *Causales et collectiuae*, nämlich *nam*, dann *namque*, dieweil *siquidem*, dann warumb/ *quando*, *quidem*, demnach vnd dieweil *quando*, *quandoquidem*, es were dann / wo nicht/ es sey dann / *ni nisi*, dann zwar *enimuero*, zwar *quippe*, auff das nicht *ne nenè*.

Anhengige / *Continuatiuae*: sunt ipsae causales, si

initio sententiae ponuntur. Demnach *posteaquam*, dieweil *quoniam*, so *si*.

Zusammsetzende *Adiunctiuae*: superioribus cognatae: so *si*, *cum*, dieweil *dum*, wann *quando*, so fern *quatenus*.

Außbrechende / schliessende *Ratiocinatiuae*, bestettende *confirmatiuae*, verlachende vnnd spottende / *exprobatiuae et ironicae*: darumb *ideo*, derhalben/ derwegen *proinde*, wessenhalben *quamobrem*, auß welchem stuck *qua ex re*, *ex loco*, nemlich/ als nemblich *nempe*, gewiß *uerum*, schätz es/ halts dafür *puta*.

[M_4^b] Ordende / *Ordinatiuae*: similes sunt aduerbijs temporis, nec ab illis nisi constructione differunt, quando enim sunt aduerbia, tum in eodem membro plerumque verbis cohaerent. Coniunctionum, verò potestate assumpta, membra et sententias posteriores superioribus annectunt: Darnach *deinde*, hierüber / zu dem *insuper*, nachmals *postea*, demnach *postea*, nach welchem/ demnach vnd eh *posteaquam*.

Füllende/ *Completiuae*: adduntur vel ornatus gratia, vel ad exprimendam animi intentionem, vbi rei praesenti apta verba deficere videntur. Ornatum addit vocula: Zwar *quasi*, zu/war, *per ueritatem*, *prope uerum*, Latinè *quippe*, *item uox* námlich. Intentionem vel vehementiam indicat repetitio alicuius vocis, cuius posterior semper expletiua, nec admodum necessaria est, ut si dico quasi contentiosè: so fern / so fern / Item darumb darumb. Haec forma Germanis quibusdam, ad iram concitatis vsitata est. Turingi completiuè repetunt, in vehementi commotione, extremum integrum fermè membrum, semper et vbique addita expletiua particula, [M_5] noch: als ich habs jhm gesagt/ ich habs jhm noch/ *quasi diceres, dixi illi, dixi tandem*. Sed inter completiuas exteri nihil discere iubentur, nisi dictionem zwar et námlich/ quae et causales et expletiuę coniunctiones, et aduerbia affirmatiua sunt.

Obseruetur autem ratio ordinis. Quędam enim praeponuntur: als / vnd darnach / demnach / dieweil / nemlich / als nemlich / dann / derhalben / derwegen / darumb / doch / entlichen.

Praeponi et postponi indifferenter volunt. aber / auch / als: er aber / aber er / ꝛc.

FINIS.

[M_5^b] # DE SYNTA-

XI, QVARTA GRAMMATICAE PARTE.

DE NOMINVM CONSTRVCTIONE INTER SE.

I.

Adiectiuum et substantiuum latina consuetudine, in eodem genere numero et casu cohaerent: als / der weiß Mann / *Sapiens uir*. Et pręcedit semper adiectiuum, als: Der allmächtig Gott / nec dicitur: der Gott allmechtig. In vocatiuo tamen praecedit nomen eius, quem causa honoris compellamus, vt in oratione Dominica: Vatter vnser: et in rithmis, als: Ach Vatter lieber Vatter mein / kondt ich der marter verhoben sein: sunt autem haec pronomina affixis hebraeorum similia, quae substantiuis fixè cohaerent.

Occurrunt autem ubique plurima, quae cum graecis et latinis conueniunt: qualis est haec obseruatio, quod duorum adiectiuorum, alterum substantiui naturam [M_6] induat, als: mein geliebter / *Mi dilecte*: blandientis vox.

II.

Relatiuum singulare neutrum, solches *hoc*, *uel*: solches alles *hoc omne*: refertur ad totam orationem praecedentem, als: man hat sie güttlich besprach/ durch

Legaten ersucht zu vnderhandlungen berůffen/ mit schrifften vnd zeugnussen vberwisen/ aber solches alles/ hat zum frid nicht gedeyhen mögen.

III.

Nomina collectiua singularia, pro multis aut omnibus eiusdem speciei efferuntur. als:

Der Bawrsmann/ *Rusticus.*
Ordensmann/ *Regularis.*
Kauffmann/ *Mercator.*
Wirth/ *Hospes.*

Pro:

Die Bawersleut.
Ordensmänner oder Leut.
Kauffmänner/ kaufleut.
Die Wirth/ ꝛc.

IIII.

Substantiuum cum substantiuo, geni[M_6^b]tiuo casu cohaeret, als: vermüg der Ordnung *Vi constitutionis.* Das erbgůt Christi / *Haereditas Christi.* Genitiuus interdum sine articulo reperitur: als durch mittel Göttlicher gnaden.

V.

Duo substantiua per Appositionem in eodem quouis casu cohaerent. als:

Johannes die stimme der wüsten/ *Iohannes uox erimi.* Vngern ein mawern gegen die Türcken solt man erhalten/ *Vngariam murum aduersum Turcas protegere et conseruare deberemus.*

VI.

Comparatiui requirunt nominatiuos, subsequentes interposita dictione: dann *quàm*, als der Kaiser Vespasianus / war frömmer dann Nero. Vel datiuum cum praepositione, für *prae*, als: er ist gelerter für vilen andern.

VII.

Superlatiui genitiuos asciscunt, vel ablatiuos cum praepositione. vnder *inter.* als der Gelertst diser Schůlen/ oder der belesenst vnder den Juristen. Superlatiuus [M_7] vsitatissimè per periphrasim effertur. als: Er ist jnen zu Gelert/ zu weiß/ zu starck/ repetitur positiuus, et accedit dictio, auctiua et intensiua zu/ qui positiuus deinde datiuo adiungitur.

VIII.

Partitionem et collectionem significantia genitiuos absolutè, vel ablatiuos cum praepositionibus, auß *ex*, vnder *inter*, postulant: als / Ein theil der menschen/ *Pars hominum.* Niemand auß jnen / *Nemo ex ipsis.* Der eine vnder jnen/ *Alter eorum.* Ein jedtweder auß jnen/ *Quilibet eorum.*

IX.

Adiectiua desiderium, copiam, noticiam, reatum, laudem, dignitatem, et contra significantia genitiuum asciscunt, als: Rechtsgelerter / *Iuris doctus.* Weinssüchtig *Cupidus uini.* Frey aller sorgen / *Vacuus curis.* Schuldig des Todts/ *Reus mortis.* Lobens werd/ *Dignus laude.* Ein Jungkfraw schöner gestalt/ *Virgo pulchrae formae.*

X.

Datiuos per omnia more Latinorum [$M_7{}^b$] asciscunt, quae commodum, facilitatem, similitudinem, affinitatem, necessitatem et contra significant: Es ist mir nutz / *Vtile mihi est.* Es ist einem leicht vnd gering anderer Leut arbeit tadlen/ aber es ist auch solchen spöttern sehr schwer/ dieselbige bessern. Item der Ketzer Theology/ ist jhr selbst vneinig.

XI.

Aptitudinem et commoditatem significantia, requirunt praepositionem zu *ad*: cum datiuo quem regit: als / Er ist geschickt zu dem ampt / *Idoneus est ad hoc officium.* Messigkeit ist nutz oder dient zur keuschheit.

XII.

Ablatiuum, vel datiuum (ut quibusdam placere video) cum prępositione an oder in regunt, quae causam instrumentum copiam abundantiam qualitatem et contra significant, als: Reich an dem (oder) im Gelt / *Diues opum.* Fürtreflich an der Lehr / *Excellens doctrina.* Lieblich vnd angenem in sitten.

XIII.

[M$_6$] Ordinalia ablatiuo (seu datiuo cum duo hi casus, semper conueniant) cum praepositionibus von/ nach cohaerent, als: Der ander von mir/ der dritt nach dir/ &c.

DE NOMINVM CVM VERBIS CONSTRVCTIONE.

I.

Nominatiuus praecedit, verbum finitum in simili numero et persona, als: Die warheit sigt / *Veritas tandem triumphat.*

II.

Vossissatio nostrati linguae vsitata est, singulos enim pluraliter compellamus, qui maiores nobis sunt, vel quos ęquales nobis reputamus, modo honestae sunt vitae, Foeminas etiam plerumque omnes, exceptis sordidis famulabus, et mulierculis inhonestis. Praeterea quoque omnes Clericos et religiosos vossissamus. Sic dicimus ad vnicam tantum horum personam, Ewere Ehrwürden / *Vestrae reuerentiae*: postea adiungimus verbum vel plurale vel singulare. Principibus autem plurale verbum semper tribuitur, als: ewer Fürst[M$_8$^{b}]liche gnaden wöllen vns in gnaden bedencken/ quod ad verbum ita reddi potest: *Vestrae Principales clementiae, uelint nostri in gratia meminisse.*

III.

Etsi omnia nomina sint tertiae personae, attamen alias personas induunt, secundum adiectionem pronominum primae et secundae personae: als/ Wir Catholischen leben bößlich/ Aber jhr Ketzerische leret vbel/ *Nos Catholici malè uiuimus, Sed uos Haeretici peßimè docetis.*

IIII.

Graeca forma, qua infinitiuus pro nominatiuo ponitur, vsitatissima nobis est, als solches leyden Christi/ *hoc pati, id est, haec paßio.* Des lesens/ *huius legere*, pro der lesung/ *huius Lectionis.*

V.

Est et nobis Synthesis qua multitudinis nomini singulari, verbum uel adiectiuum plurale respondet: als/ ein theil verlachten Christum/ das ander theil geißle-[N]ten jhn/ *Pars deridebant Christum, pars uero flagellabant ipsum.*

VI.

Zeugmate quoque vtimur, vbi propiori casui verbum vel adiectiuum conuenit, als: Der Sectischen falsches hertz/ böses gewissen/ vergeblicher rhům/ vnd zánckische köpff/ verderben sie/ *Cor simulatum, conscientia mala, inanis et uana iactatio, atque capita rixosa, perimunt sectarios.*

VII.

Norunt nostri quoque Syllepsin numerorum, vbi prędecentium nominum pluralis numerus, qui singulari praestantior est, cum verbo uel adiectiuo etiam remoto, nec ita propinquo conuenit, als: Die Junger sampt Christo/ seind anfenger vnserer Kirchen.

Item: quando duo vel plura singularia plurale verbum requirunt, als: Der Glaubig vnd vnglaubig / der Geistlich vnd weltlich / Mann vnd Weib / Regent vnd vnderthaner / der alt vnd jung / bedörffen einer besserung. *Fidelis et infidelis, Clericus et Laicus, Mas et foemina, Regens et subditus, Senex cum iuniore indigent reformatione.*

[N^b] VIII.

Prolepsis quoque nobis non minus quam Latinis partes diuersorum numerorum et personarum suo toti, atque species generi subijcit, verbo non repetito, als: Die artickel des Apostolischen glauben / leren vns von der Trinitet / diser vom Vatter / etliche vom Son / andere vom heyligen Geyst.

IX.

Enallagen Saxones et Belgae nonnunquam immiscent nobis inusitatam, neque ab alijs discendam, ubi infinitiuum pro imperfecto ponunt, als: Er aber jmmerzu schlahen / die nechsten zulauffen / sie schreien / pro er aber schlug jmmerzu, die nechsten zuliessen / oder vsitatius liessen zu vnd sie schrien.

X.

Verbum substantiuum ponitur inter duos nominatiuos, quam ob causam à dialecticis copula dicitur, als die heyligen seind fürbitter / *Sancti sunt intercessores.*

Sequens nominatiuus quando mutatur in infinitiuum, pro eo enim quod di[N₂]co: das ist die rechte Gottslieb / dicere possum, das ist Gott recht lieben. Saepè ist mutatur in heist, id est dicitur, als solches heist Gott recht lieben. *Hoc est, uel dicitur uera Dei dilectio, uel Deum uerè diligere.*

XI.

Nominatiuus gestum significans sequitur verbum, als: er schlafft stehent, *dormit stans.* Er starb sitzendt / *Moriebatur sedens.*

XII.

Verba possessionis et proprietatis, memoriae et obliuionis, copiae et inopiae, parcendi et miserendi, qualitatis et formae quae rei inest, genitiuum postulant, als: Das gůt ist seines Herren / Jch gedenck ich vergiß des dings / Er ist keins Gelts notturfftig / *Non indiget pecunia.* Er ist ein Mann sehr grosser kunst / *Est uir summae artis.* das thier ist vnartigs vnfúgichs leibs.

Qualitas aut in genitiuo, aut ablatiuo cum praepositione effertur, als: Ein mann sehr grosser thaten / oder von grossen thaten/ *Vir multarum rerum gestarum, uel à multis rebus gestis.* (videtur Ellipsis esse verbi praedicatus, vel laudatus.) *Parce illius*, verschon seiner / etc.

[N2b] Miserendi et quaedam parcendi Phrases, accusatiuum cum genitiuo requirunt, als O Herr erbarm dich meiner / latinus ita exprimit: *O domine miserere te mei*, id est, *Commoue te uel tua uiscera*: *Graecis σπλάγχνα super me.* Enthalt dich seiner / Abstine te ab illo, id est, *parce illi.* Verba memoriae, pro genitiuo saepè accusatiuum, cum praepositione an requirunt, als: Jch gedenck Gottes/ vnd an Gott.

XIII.

Datiuos asciscunt, verba quae dandi, concedendi, imitandi, dicendi, consulendi, obsequendi, nocendi, vestiendi, contrahendi, et hisce contrariam significationem habent. als:

Ich	geb/	dir.	*do tibi.*
	laß/		*concedo tibi.*
	volg/		*sequor tibi.*
	ſag/		*dico tibi.*
	rhat/		*consulo tibi.*
	gehorſame/		*obsequor tibi.*
	ſchad/		*noceo tibi.*
	thůe oder leg an/		*induo tibi.*
	beut/ ſchenck/		*mutuo, dono.*
	verkauff.		*uendo tibi.*

[N_3] Atque haec plerumque accusatiuum datiuo subiungunt, als: Ich thůe dir das kleid an/ *Induo te ueste*: ich ſag dir das/ ꝛc. Nonnunquam alter datiuus accedit cum praepositione zu/ als: Im heyraten rhat ich dir zu einer frommen/ *Consulo uel suadeo tibi probam.*

XIIII.

Actiua requirunt accusatiuos, als: Gott gibt ſein genad/ denen ſo jhn fòrchten: *Deus dat gratiam suam, his qui eum timent.*

Postulant etiam libenter actiua et neutra accusatiuos suae originis nominum. als: Ich ſing ein geſang/ ich lauff einen lauff.

XV.

Quaedam impersonalia, item miserendi, commonefaciendi, accusandi, vtendi, et similia, accusatiuos cum genitiuis requirunt, als: Es jamert mich deſſen/ *Miseret me huius.* Er erjnnert mich ſeins handels/ *Admonet me sui negotij.* Er hat jn des diebſtals bezüchtigt/ *Accusauit eum furti.* Ich brauch mich/ ich nehr mich meines ſchreibens/ vnd durch das ſchreiben/ *Alo me scriptionis* [N_3^b] *id est, per scriptionem.* Sed regulae huius paulo ante meminimus.

XVI.

Latini quaedam inter neutra recensent, quae nobis actiua sunt, possunt enim in passiua mutari, quapropter accusatiuum etiam requirunt, als: Ich

Tantz mich müd/ latinè sic sonat: *Salto me defessum.* Er laufft sich kranck/ *Currit se aegrotum, hoc est, currendo sibi morbum consciscit.*

XVII.

In regionem et locum motus accusatiuum cum praepositione in requirit. Sed propria vrbium castellorum artium pagorumque nomina postulant praepositionem, gen oder auff/ als: Ich gehe in Böhemischen wald/ *Eo in Bohemicam syluam.* Ich ziehe in Breusen/ *Peregrè eo in Borußiam.* Im Jubeljar will ich gen Rom ziehen/ *Futuro anno Iubileo Romam ibo.* Eadem autem constructio est verborum quae motum per locum significant.

XVIII.

Obseruentur quaedam verba, quae di[N_4]uersos casus requirunt, als: Wer rüfft mich? *Quis me uocat,* vnd wer rüfft mir/ *quasi diceres, quis mihi uocat, uel acclamat.*

XIX.

Verba relegandi, adhortandi, emendi, instigandi, docendi, rogandi, et similia duos accusatiuos asciscunt, quorum posterior interdum à praepositionibus, an / auff / vmb / durch / 2c. regitur: als / Weiß deine glaubiger / auff deine schuldiger / *Relega creditores tuos in debitores.* Ich bitt dich vmb das Gelt / *Rogo te propter pecuniam.* Ich leer dich die Teutsche sprach / *Doceo te linguam Germanicam.* Christus hat vns durch oder vmb sein blůt erkaufft.

Alter accusatiuus in doceo, transit saepè in ablatiuum cum praepositione in/ als: Ich leer dich in den Künsten/ *Doceo te in artibus,* pro Ich leer dich die künst.

XX.

Temporis durationem significantia, accusatiuum requirunt, vel sine articulis, als: [$N_4{}^b$] drey wochen/

tres septimanas, vel cum articulis: als: dise zwey jar / *hos duos annos*.

XXI.

Ablatiuus additur passiuis, als: Wir werden vom Herren erhalten / *Sustentamur à Domino*.

Qui ablatiuus commodius vertitur in accusatiuum cum praepositione, als: Wir werden durch den Herren erhalten.

XXII.

Causae instrumenta et modi actionum etiam efferuntur in ablatiuo, als: Mit grossem eyfer widerstehen vns die kirchenfeind / *Magno zelo nobis resistunt hostes ecclesiae*.

XXIII.

Prohibendi, auferendi, distandi, protegendi, referendi, credendi, et huiusmodi plura, postquam accusatiuum asciuerunt (quia actiua sunt) ablatiuum etiam cum praepositionibus: von vnd auß postulant, als: man sagt solchs vom den Türcken / oder auß der Türckey / vnd ich glaub es von jhnen. Accusatiui sunt, solchs vnd es / verba quae illos regunt sunt, man sagt [N_5] vnd ich glaub / ablatiui sunt, von den Türcken / von jhnen.

XXIIII.

Tempus praeteritum et futurum, per datiuum effertur, cum praepositionibus vor / nach / als: vor zweyen jaren / *ante biennium*, nach dreyen tagen / *post dies tres*.

Praesens absolutè in genitiuo, jetziger zeit / *huius temporis*: sed cum praepositione in / per ablatiuum effertur, In diser zeit / *in hoc tempore*, in der stund / *in hac hora*, am heutigen tag / *hodierno die*.

XXV.

Motus in regione, et in loco appellatiui nominis ablatiuo enunciatur cum praepositione in / als: In

Welschlandt / In Polen in der grůben / *in fouea.* Proprijs articuli communiter non praeponuntur, sic vsitatius est dicere: in Franckenlandt / quam in dem Franckenlandt. Est et haec forma vsitata, sed non vniuersaliter, als: im landt zu Meichsen / im Land zu Sachsen / im Land zu Polen. Non autem dicimus: im Landt zu Welsch / quapropter dicendi consuetudine hic obseruetur.

[N_5^b] Proprijs vrbium, pagorum, castrorum, monasteriorumque praepositio zu additur, als zu Crackaw / *Cracouiae*, zu Paris. Hodiè tamen in similiter addunt, als: in Augspurg.

XXVI.

Motus de loco ciuitatum pagorum, etc. similiter ablatiuum cum praepositionibus: von / auß / postulat, als:

Von oder auß { Rom. Messana. Orliens.

Motus vero de loco nominum appellatiuorum, et regionum, saltem effertur, per praepositionem auß / als auß dem berg / *ex Monte*, auß dem schloß / auß Teutschland / auß Franckreich.

XXVII.

Motus per locum, per accusatiuum cum praepositione durch significatur, als durch das Welsch gebirg / oder durch die alpen auff Venedig / durch Schampengen / *per Campaniam.*

XXVIII.

Verbis voluntatem, sensum faculta[N_6]tem inclinationem, etc. significantibus additur infinitiuus, et gerundium, als: Niemandt kan sehen Gott in disem leben / *Nemo in hac uita Deum uidere potest.* jedoch wůnsch ich jhn zusehen / *attamen opto uidere eum*: exempla sunt, kan sehen / vnd wůnsch zusehen.

XXIX.

Participia actiua regunt suorum verborum casus, sicut enim dico: ich schreib ein Teutsche Redkunst / ita dico: ich sitz schreibend ein Teutsche redkunst / *Sedeo scribens Grammaticam germanicam*. Passiua similiter ut verba ablatiuum proprium suum casum asciscunt.

DE ADVERBIIS.

I.

Aduerbia verbis plerumque praeponuntur, als: Cicero hat am besten geredt. *Cicero optimè locutus est*. Possunt autem in concitatis orationibus in rithmis et cantilenis, atque in collationibus postponi: als/ diser singt lieblicher dann jener / *Hic canit suauius quàm ille.*

II.

Nonnunquam duo vel plura aduerbia [N₆ᵇ] intendendi minuendiuè gratia concurrunt, als: Er hat jhn zumal hertigklich vberauß sehr geschlahen / *continuò duriter, uehementißimèque eum percußit.*

III.

Nomina adiectiua neutrius generis, pro aduerbijs saepissimè ponuntur, als: die Sonn scheint húpsch / für húbschlich/ *Sol splendet pulchrum. pro pulchrè.*

IIII.

Quaedam loci et temporis aduerbia genitiuos requirunt, als: des tags zuuor / *Pridiè eius diei.* Des tags hernach / *postridiè*: allenthalben des hauses / *ubique domus.* Vsitatius etiam est ablatiuus cum praepositionibus, in vnder/ ꝛc. als: Der frid ist nirgent in (oder vnder) den Kirchenfeinden zufinden / *Pax nusquam aduersariorum inuenienda.*

DE CONIVNCTIONVM OFFICIO.

I.

Sicut coniunctiones alijs in linguis, [N_7] ita etiam hic orationem orationi, casusque casibus coniungunt.

II.

Coniunctio, das *ut*, saepè omittitur, als: Ich wolt man were (id est das man wäre) allenthalben eins / *Optarem quod ubique uniti essemus.* Ich wünscht es geschech / pro das es geschehe.

III.

Duae negatiuae particulae, siue aduerbiales siue coniunctionales, aut nominales sint, magis vehementiusque negant, als die warheit sagen wöllen da hastu keinen zeitlichen nutz nicht von / *Veritatem uelle profiteri, inde nec tibi quicquam accrescit.*

DE PRAEPOSITIONIBVS.

I.

Supra in Etymologia dictum est, quos casus regant. At hic etiam obseruandum, quod cum verbis compositae ipsis suum casum addant. Sic oramus in oratione dominica: Zukomm vns dein Reich / *Adue-* [N_7ᵇ]*niat nobis regnum tuum*: praepositio zu / regit datiuum, eundemque verbo kommen adijcit, quod aliâs dicimus: Dein reich komme zu vns. Item / ich gehe dich / *Eo te* non dicitur: aber ich vbergeh dich / *superior te sum eundo*, benè dicitur quia praepositio vber regens accusatiuum verbo gehen / eundem subijcit. Ich eyle dich *Festino te*: non dicitur. Sed ich vbereyle dich / *festinando sum te superior.* Er fecht jhn / *Pugnat illum*, non dicitur: Er verfecht / oder widerfecht jhn / *propugnat eum*, regulariter dicitur, etc.

II.

Est et Anastrophe nobis vsitata, als: Ein gantz Jar vber / imitatiuè sic sonat: *totum annum per.* Den gantzen tag durch auß / *totum diem per*, etc.

[N_8] DE PROSODIA, GRAMMATICAE QVARTA PARTE.

SVb Prosodia tractantur syllabarum, accentus et quantitates, pedes et eorum natura, ac carminum genera.

De accentibus supra quiddam dictum est.

Syllabarum autem quantitates à nostris hactenus, obseruatae non fuerunt, de quibus aliquid dicemus, postquam pedes carminis nobis vsitatos recitauerimus. Id autem commodè fieri non poterit, nisi carminum rationem iudicemus, à postrema igitur parte initium sumemus cum id facilitas, et methodus docendi postulet.

DE CARMINIBVS.

I.

Carminum nostrorum ratio, non à dimensione pedum, sed numero syllabarum sumitur, quarum vltra nouem, versum vnum nunquam ingrediuntur.

II.

Et quia per Homaeoteleuta aut Ho[N_8^{b}]maeoptota in fine, semper vel cum proximis, vel etiam remotioribus (quod plerumque in cantilenis fit) conuenire, eodem sono exire, et ijsdem syllabis ac literis finiri debent. Igitur dicuntur nobis carmina nostra Reymen' Graecis rythmi, Latinis consonantiae et modulationes.

III.

Constant autem rythmi nostri vario syllabarum numero, habemus enim monosyllabos et disyllabos, quos ego libenter Graecorum, Latinorumque Adonicis conferrem, qui versus dactilo et spondeo constant. Habemus etiam trisyllabos, fortè Glyconicis versibus conferendos, qui tribus pedibus constant. Et quadrisyllabos, sicut asclepiadei versus, quatuor habent regiones. Sunt nobis etiam pentasyllabi, graeca et latina sapphica, constant etiam quinque regionibus. Vtimur praeterea sexsyllabicis, qui naturam, quam habent Trimetri Iambici imitantur, et dicuntur senarij, à sex pedibus, nos igitur syllabas nostrorum rythmorum, ubique conferimus cum integris latinorum, graecorumque pedibus.

[O] Heptasyllabicos rythmos nostros, pentametris conferre quis posset. Octosyllabicos prae reliquis vsitatissimos, ad hexametrorum imitationem usurpari video. Atque haec est summa versuum nostrorum mensura. Accedit autem, ut octosyllabicis non raro versus immisceantur, quibus per Proparalepsin seu Paragogen syllaba, in fine adducitur, quae vel per Syneresin contrahi, vel per apocopen interdum prorsus tolli potest. Dicuntur hi versus graecè enneasyllabi, propter superfluam syllabam similesque sunt versibus Hypercatalecticis vel Hypermetris, ex quibus poemata integra non fiunt, sed obiter propter abundantiam syllabarum tantummodo accidunt. Caeterum genera omnium rythmorum, subiectus hic cuneus demonstrabit.

[Ob] Gott/
Spott.
Der Leut/
So heut.
Verachten/
Mit lachen.
Der kirchen ehr/
Ihr lebn vnnd Lehr.
Vnd wöllen doch schlecht/
Solchs haben gar recht.
So sy doch wissen nicht/
Dann sy böẞlich bericht.
Das wir die rechte Kirch sein/
Han auch das wort Gottes rein.
Von alters solchs gehabt gar lang/
Des Christus war der erst anfang.
Welchers den Aposteln verlassen/
Damit sie gsend auf alle Strassen.
Darburch die welt zů bringen schlecht/
In lieb hoffnung vnd glauben recht.
Welchs biẞ zu der letzten stund/
Nit kompt auẞ des priesters mund.
Deẞ frewen wir vns hoch/
Vnd růhmen vns des noch/
Drumb wer solches wort/
Liebt als seinen hort.
Komm zu vns hrein/
In diẞ heuflein.
Da ist GOTT/
wer solchs spot.
Nimmer
Hat er
nit
fridt.

[O₂] III.

Sequuntur exempla vsitatiorum rythmorum, ac primum constant disyllabis integra epigrammata, quale hoc est.

Man sagt/
Vnd klagt.
Die Welt/
Vnd Gelt
Verfürn/
Bedörn.
Die Leut/
Mich rewt.
Das ich/
Solchs nicht.
Vor jarn/
Erfarn.
Weyser/
Ich wer/
Jetzundt/
Zur stundt.
Darzu/
Mit rhu.
Ohn not/
Vnd spot.

Mein lebn/
Thet schwebn.
Ohn schuldt/
In huldt.
Nun kan/
Kein man/
So ebn/
Sein lebn.
Recht laitn/
Sünd meidn.
Drumb tracht/
Mit macht.
Dahin/
Mein sin.
Das ich/
Auch mich.
Möcht nehrn
Mit ehrn.

[O_{2b}] Exemplum quadrisyllaborum.

Wann man die kunst/
Nicht nur auß gunst.
Sondern durch rhat/
Vnd auß der that.
Vrtheylen wolt/
Wie man dann solt.
So wurd man zelln/
Deren die wölln.
Gelerte sein/
Ein kleins heuflein.
Vnd wurd sich mehrn/
Mit Gott vnd ehrn.
Ihr rhumb vnd lob/
Man hielt auch drob.
Das sie zur not/
Hetten jhr brodt.
Nun mangeln jhr/
Das mehrst theil schier.
Die vrsach ist/
Vilen bewüst.
Ihrn wirt vergessn/
Vnd andre fressn.

[O3] Deren jhr lohn/
So die müh han.
Dann man ehrt gunst/
Veracht die kunst.

Exemplum octosyllabicorum, qui vsitatissimè nobis sunt.

Merck ein antwort sehr kurtz vnd gůt/
Die ein Glerter eim narren thůt.
In Franckreich war ein Glerter man
Hett in künsten sehr vil gethan.
Vil leut Glert vnd vil Bücher gschribn
Sein tag in Erbarkeit vertribn.
Gieng schlecht herein ohn all hoffart
Nach aller grundgelerter art.
Diser kompt einst gen Hoff hinein
Zu sehen was Hoffsitten sein.
Gar bald kompt einer dorten her/
Fragt wer diser Compaigne wer.
Er gieng wol vnd höflich bekleidt/
Fordert mit trutz kurtzen bescheidt.
Wie dann die suppen stürmer pflegn/
Die all jhr züg vor Ofen glegn.
Man antwort er sey nicht der letzt/
Den man vnter die Glerten schetzt.
[O3b] Er sey, dessen namen mit schall/
Jetzt außgebrochen vberall.
Der sich stetts übt vnd tracht dahin/
Das er Gott vnd dem nechsten dien.
Sih bistu der/ die Hoffkatz sprach/
Was frag ich deiner arbeit nach.
Wie gehstu so schlechtlich daher/
Ich halt du habst kein bsoldung mehr.
Sich mich an/ ich arbeit nicht vil/
Ich geh müssig thů was ich will.
Ich hab nicht vil Bücher durchlesn/
Bin einmal in eim zug gewesn.
Damit ich nur zureden wüst/
Was Feldbrauch wer vnd kriegsgerüst.
Beger nit sehr wider hinauß/
Mein bstallung hab ich jetzt zuhauß.
Ob mich nicht tag vnd nacht wie du/
Ich jss vnd trinck hab gůte rhu.
Ich nenn mich meines Herren rhat/
Ob er mich gleich zum kürtzweilr hat.

Bring dannoch mehr dauon/ dann fünſt
Jhr zehen durch jhr trewe dienſt.
Derhalben ich vil höher acht/
Solchen ſtand vnd hoflichen pracht.
Dann deine künſt vnd ſchlechtes lebn/
Darfür dir die Herrn nicht vil gebn.
$[O_4]$ Für dir mein Adl zih ich nicht an/
Jch wer ſonſt dreymal beſſer dran.
Hierauff der Glerte kürtzlich ſprach/
Waiſtu nicht was da ſey die ſag.
Das groſſe Herren alle zeit/
Bey ſich müſn haben ſolche leut.
Die ſie entweder narren mögn/
Oder von denen ſie hingegn.
Mit ſchmaichelwortn betaſt vil mal/
Vnd mit fatzboſſen ohne zahl/
Solchs wann mans höflich treiben kan/
So bringt man wol etwas dauon.
So du nun einn ſolchen wirt haſt/
Gleich wie du biſt ein teydings Gaſt.
So danck deim maul das dirs erwirbt/
Vnd brauch jn wol eh dann er ſtirbt.
Zwar wann ich werd noch mit der friſt/
Haben ein Herren der da iſt.
Den Glerten Leuten günſtig gnug/
So werd ich dann auch haben fug.
Mein ſtand zubeſſern vnd zufürn/
Wie ſichs Gelerten will gebürn.
Dann merck vnd ſchreib es fleiſſig ein/
Das nicht all Herrn ein ſinnes ſein.

$[O_4^b]$ Reliqua versuum rythmorumue genera, hisce immiscentur in cantilenis, ex quibus poëmata pure non constant, varietas autem illa rythmorum per vicissitudines in cantionibus, secundum varios affectus, gestus, et cantus naturam commixtorum, ac per vices collocatorum, ex libellis illis discitur, qui à vulgaribus nostris cantoribus eduntur.

Tantum vero breuitas de carminibus nunc dicere permisit, caetera in posterum absolutius tractabimus.

DE PEDIBVS.

Si secundum pedes rythmos nostros metimur, duos saltem adhiberi, et à Latinis aut Gręcis mutuo accipi posse video. Iambum videlicet et Spondaeum. Et quo plures Iambi adhibentur, eò sunt rythmi elegantiores. Regiones secundum pedes distributae sic collocari possunt.

1	2	3	4	regio
⏑ –	⏑ –	⏑ –	⏑ –	ein kurtzlange stell.
– –	– –	– –	– – – ⏑	ein zweelange.

[O₅] Habes in hoc Schemate quatuor regiones, et syllabas octo, nempe octosyllabicorum rythmorum, iuxta hos etenim omnium versuum genera formantur, quę aliud nihil sunt nisi membra et frusta horum, ideoque ijsdem pedibus constant.

DE QVANTITATE SYLLABARVM.

Non omnino caret lingua nostras, hac parte prosodiae, quamuis versifices nostri eam negligere videntur.

I.

Primum autem dicemus cum Latinis quod omnis diphthongus longa sit.

II.

Deinde omnis positio, plerumque si in vna eademque syllaba contingat longa est. Breuiter autem syllaba poni et iudicari potest, si in breuem consonantem exeat, etsi proxima dictio etiam à consonante incipiat.

III.

Vocalis ante vocalem corripitur, ut plurimum autem eliditur.

IIII.

Augmentum verbale ge. Item syllabi[O5b]cae hae adiectiones. seu potius praepositiones inseparabiles, an / be / er / ent / ver / zer / zu / &c. breuiter et in imparibus rythmorum locis poni volunt.

V.

E litera plerumque corripi vult, nisi positione extendatur.

VI.

Monosyllaba du / wo / nit / der / den / er / es / ir / vil / von / &c. elegantius corripiuntur quam protrahuntur.

VII.

Finales syllabae, en / er / et / ach / ich / et similes, breuiter positae magis mensurae et scansioni conueniunt, quam si longae fiant.

Plures fortè obseruationes tempus et exercitatio docebit.

DE SCANSIONE.

Supra de figuris dictionum quaedam dicta sunt, quae hoc loco repetantur, in versibus enim saepius occurrunt, quam in oratione soluta.

At propter figuras illas, Synaloephe non malè uteremur, quando videlicet vo[O6]calis in fine dictionis omittitur, et dissimulatur, propter sequentis dictionis initium, quod itidem vocali aut diphthongo constat. als:

Ach Gott / wie ist doch / die not / so groß /
Wie stehn / wir menschn / so ermlich / vnd bloß.
Wo nicht / du erscheinst / mit dein/er gnad /
So hat der / mensch gahr / kein hülff/ noch rhat.

Sic autem scandi vel cani debent rythmi, ut impar syllaba semper raptim legatur et sonus acutus paribus incumbat.

FINIS.

[O_6^b] Endspruch.

Wolan Gott lob jetzt vnd all stund
Das ich vollend vnd glegt den grund.
Des anfangs vnserer Teutschen sprach.
Nun will ich mit Gott trachten nach.
Wie man solch anfeng mechte mehrn/
Gott vnd dem Vatterland zu ehrn.
Aber dich lieber Leser gůt/
Bitt ich mit trewhertzigem můt.
Wann ich dir gleich nicht vberall/
Doch nur im ghringsten stuck gefall.
Das du mir darfür nichts erzeigst/
Dann für mich dein gebett darreichst.
Damit ich dannoch auch bstehn mag/
Etwan dermals an jenem tag.
Dessen wir gwißlich all in ein
Hoffen/ vnd můssen gwertig sein.
Woll dem, der dann vil gůts gethan/
Das best werck hebt den besten lohn.

Ende.

[O_7] [**Holzschnitt:** *Rahmen 88 : 68 mm. In der Mitte einer von einem Spruchbande umschlossenen Ellipse Gott in halber Gestalt aus Wolken heraussehend. Die rechte Hand in Sprechstellung ausgestreckt, dazu gehörig die Inschrift auf der linken Hälfte (vom Beschauer aus) des Spruchbandes:* SIC HVMILI ORANTI ET LABORANTI, *und das auf einem kleinen Bande unter der Hand stehende:* MISERICORDIA. *Unterhalb eine bekleidete männliche Gestalt in eifriger Arbeit im Weinberge die zweizinkige Hacke schwingend. Die linke Hand Gottes schleudert Blitze auf die Erde und auf eine unbekleidete männliche Gestalt, die am Boden sitzt, die Wange auf die linke Hand gestützt und den Arm auf eine umgestürzte Urne gelehnt, welche die rechte Hand hält, während ein Strom Wein oder Wasser herausfließt. Hierzu gehört die Inschrift auf der rechten Hälfte des Spruchbandes:* SVPERBO NOLENTI ET CONTEMNENTI, *und das auf dem kleinen Bande darunter befindliche:* IVSTITIA. *Unter dem Mittelpunkte, der Gestalt Gottes, ragt ein Dreieck mit seiner Spitze auf, dessen einzelne Seiten (nach Auflösung der Abkürzungen) die Worte tragen:* ESTO PIVS DOMINO || SOBRIVS TIBI || IVSTVS IN OMNES. *Darunter auf zwei das Dreieck tragenden wagerechten Balken:* ISTA TRIAS FIDEI CAVSA || SALVTIS ERIT. LN : ALB. *Endlich ganz unten zu beiden Seiten eines Ornaments in kleinerer Schrift:* TIT. || Z.]

FSC
www.fsc.org
MIX
Papier | Fördert
gute Waldnutzung
FSC® C083411

Kolibri 360 GmbH
Ferdinand-Jühlke-Straße 7
99095 Erfurt, Deutschland
produktsicherheit@kolibri360.de